BREVE HISTÓRIA DA CIÊNCIA MODERNA

VOLUME 1

Convergência de Saberes

Marco Braga
Andreia Guerra
José Claudio Reis

Breve História da Ciência Moderna

Volume 1

Convergência de Saberes

Jorge Zahar Editor
Rio de Janeiro

Jorge Zahar Editor Ltda.
rua México 31 sobreloja
20031-144 Rio de Janeiro, RJ
tel.: (21) 2240-0226 / fax: (21) 2262-5123
e-mail: jze@zahar.com.br
site: www.zahar.com.br

Projeto gráfico e composição: Victoria Rabello

Capa: Sérgio Campante

CIP-Brasil. Catalogação-na-fonte
Sindicato Nacional dos Editores de Livros, RJ.

Braga, Marco

B794b Breve história da ciência moderna, volume 1 : convergência de saberes / Marco Braga, Andreia Guerra, José Claudio Reis. – Rio de Janeiro : Jorge Zahar, 2003

Inclui bibliografia

ISBN 85-7110-735-1

1. Ciência – Filosofia. 2. Ciência – História. I. Guerra, Andreia. II. Reis, José Claudio. III. Título.

03-1436 CDD 501
CDU 50

SUMÁRIO

APRESENTAÇÃO

Nosso interesse pela história e filosofia da ciência surgiu ainda na universidade. Fomos apresentados a alguns textos por professores que começavam a estudar o assunto, e essas leituras nos revelaram uma realidade bem diferente daquela com que estávamos lidando nos livros didáticos. O fato aguçou-nos a curiosidade e, assim, ao concluirmos o curso de graduação em física na Universidade Federal do Rio de Janeiro, tínhamos o objetivo claro de continuar a aprofundar aqueles estudos preliminares. Decidimos formar um grupo que nos primeiros anos abrigou-se na universidade, como parte de uma área de pesquisa em ensino. Após esse tempo de incubação, partimos para alçar vôo próprio.

Foi assim que em 1993 surgiu o Teknê. O nome escolhido vem da palavra grega *techné*, que significa "arte", "fabricação". Inspirado nos velhos ateliês do Renascimento, em que vários artesãos mesclavam ciência, técnica e arte num mesmo trabalho, nosso grupo tinha por objetivo compreender e difundir o conhecimento científico de forma interdisciplinar.

O primeiro contato que um jovem tem com a ciência – em alguns casos, o único – ocorre invariavelmente por meio dos livros didáticos. Esses manuais apresentam apenas uma dimensão do trabalho científico, seu aspecto técnico de solução de problemas. Nada se discute sobre as grandes indagações acerca do Universo ou os debates que possibilitaram a construção das teorias. Ao término de alguns anos de estudo, o que resta é uma visão muito limitada da ciência. Pretendíamos portanto resgatar uma dimensão esquecida, ao desenvolver um trabalho que nos permitisse apresentar um novo olhar sobre a ciência – em que ela pudesse ser percebida como parte de um processo maior de reflexão do homem sobre o mundo e a natureza.

Nesse sentido, percebíamos que seria necessário avançar para além das fronteiras do conhecimento que comumente se chama científico. Os homens de ciência, ao construírem teorias e modelos explicativos para os fenômenos da natureza, dialogam com outros homens que exercem atividades aparentemente distantes da científica, como teólogos, artistas plásticos, músicos ou poetas. Seria preciso navegar também nessas áreas para encontrar caminhos em que pudéssemos transitar mais amplamente.

Durante o desenvolvimento de trabalhos de investigação, já na pós-graduação, começamos a elaborar um projeto educacional que procurasse introduzir essa visão do fazer científico no ensino, por meio do estudo de momentos históricos selecionados, e permitisse a compreensão dos debates que fornecem sustentação ao surgimento das grandes teorias. Num primeiro momento produzimos textos para alunos de ensino médio. Mais tarde passamos a ministrar cursos de formação de professores. Neles procurávamos percorrer a história da ciência moderna utilizando diversas mídias, como imagens, música, textos etc.

Esses cursos tiveram grande sucesso e demonstraram existir uma demanda pelo conhecimento da história da ciência. Num primeiro momento o interesse restringiu-se aos professores das áreas científicas. Mais tarde, a partir de comentários trocados nas escolas, começaram a surgir também professores de história, filosofia, literatura e artes. Todos desejavam compreender e discutir o papel da ciência ao longo da história e como suas respectivas disciplinas se relacionavam com ela e se ressentiam da compartimentalização do saber. Ao final, sempre nos cobravam a versão escrita daquilo que havíamos apresentado.

Com a presente série sobre história da ciência desejamos preencher essa lacuna. Gostaríamos, contudo, de criar também um diálogo com um público mais amplo, de alunos de ensino médio a profissionais de diversas áreas que tenham interesse pela ciência. Nosso intuito é envolver todos aqueles que queiram conhecer, ainda que de forma introdutória, alguns dos fios tecidos no passado e com os quais ainda nos emaranhamos no mundo moderno. Queremos que a ciência deixe de ser objeto de culto para se tornar motivo de debate, reencontrando assim seu verdadeiro papel.

Grupo Teknê

INTRODUÇÃO

✧ ✧ ✧

A Idade Média – período histórico que se estende aproximadamente do ano 500 a 1500 – foi por muito tempo considerada uma época de estagnação cultural e econômica. O advento da ciência moderna ao longo dos séculos XVI e XVII só fez fortalecer esse ponto de vista, contrapondo uma era que se acreditava mergulhada no dogma e no preconceito ao renascimento da verdadeira razão, herdeira do logos grego. Entretanto, estudos históricos realizados a partir da segunda metade do século XIX e principalmente ao longo do século XX vieram desmentir essa concepção.

O primeiro passo dado para a quebra desse mito refere-se à reavaliação do papel desempenhado pela cultura árabe durante os quase oito séculos de permanência mourisca na Península Ibérica. Aquilo que se convencionou chamar de ciência e filosofia árabes foi um conjunto de formulações elaboradas por uma variada gama de estudiosos provenientes do imenso território ocupado. O elo entre esses estudos era a língua, pois além de traduções de manuscritos produzidos em diversas regiões e épocas, todo o novo saber gerado naquele território passou a ser redigido em árabe. A convergência desses saberes para a Península Ibérica, e sua posterior tradução para o latim, mudou a face da Europa. As investigações desses textos em tempos recentes fizeram cair por terra a falsa noção, que perdurou durante vários séculos, de que a ciência e a filosofia árabes não teriam dado contribuições relevantes para o conjunto de conhecimentos descobertos pelos cristãos a partir do século XII.

Acreditava-se que os árabes teriam exercido um papel de simples intermediários entre a Antigüidade clássica e a Europa medieval, assim como entre o Oriente e o Ocidente. Realmente, a conquista de um imenso território fez com que houvesse a absorção recíproca de uma variedade de técnicas e saberes produzidos por povos que antes viviam isolados. Mas, durante o período de ocupação, novos conhecimentos foram gerados, sob a forma de releituras, comentários ou mesmo criação de novos saberes em diversas áreas.

Outro fator de grande importância na reavaliação do papel do medievo como período histórico deve-se a um novo olhar lançado sobre a técnica. Com a ascensão de correntes marxistas nos estudos filosóficos e históricos, principalmente a partir do século XX, uma parte considerável dos historiadores voltou-se para a compreensão do papel das técnicas nas transformações socioeconômicas do continente europeu. Esse processo produziu o resgate de uma parcela considerável da cultura humana anteriormente vista como secundária. Num primeiro momento cabia estudar períodos mais recentes, como a Revolução Industrial. Posteriormente as investigações foram recuando até a Idade Média.

Tais estudos permitiram perceber que a Europa medieval havia passado por profundas transformações técnicas. Alguns historiadores chegaram a denominar essas mudanças de "revolução industrial da Idade Média". Mesmo sem entrar na polêmica que denominações como esta ainda produzem nos debates históricos, não se pode negar que a revelação de um fluxo intenso de inovações técnicas causou surpresa para aqueles que só viam trevas. As contribuições tardias trazidas por uma história das técnicas revelaram que existia um preconceito dos estudiosos, que depreciavam as atividades manuais, por serem executadas por homens considerados iletrados.

A esses dois fatores somaram-se ainda novos estudos sobre a produção filosófica da Europa cristã, revelando profundos embates antes desconhecidos. Alguns deles geraram novos conceitos que, embora modificados com o tempo, tornaram-se fundamentais para o estabelecimento da ciência no século XVII.

Com todos esses estudos viu-se que era necessária uma reformulação completa das interpretações simplistas sobre o medievo. A dualidade trevas versus luzes foi a construção de uma nova cultura que passou a dominar e desejava desqualificar o passado, realçando dele somente as características obscurantistas – que obviamente também existiram.

Este volume irá se dedicar a esse período e a esses embates. Entretanto, o papel desempenhado pela filosofia grega em meio a tais discussões força-nos a voltar um pouco mais no tempo. Antes de mergulharmos no medievo será necessário examinar algumas idéias elaboradas na Grécia antiga. Um alerta contudo é necessário: escrever sobre a filosofia grega abordando pontos que tenham alguma influência sobre as idéias científicas desenvolvidas a partir da Idade Média é uma tarefa de muito fôlego. Por isso iremos nos deter apenas em alguns tópicos do pensamento de Platão e Aristóteles que consideramos fundamentais para as discussões mais imediatas. Com o desenrolar deste livro e daqueles que o sucederem, procuraremos, na medida do possível, completar as lacunas que porventura tenham ficado aqui.

Cabe também destacar o fato de não abordarmos todas as ciências de forma a construir uma história específica. Pretendemos considerar algumas das questões relevantes no medievo para o surgimento da ciência moderna no século XVII. Assim, vamos focalizar somente os problemas cruciais que geraram discussões de peso para a consolidação de uma nova forma de construção de conhecimentos.

1

A FILOSOFIA DA NATUREZA DE PLATÃO E ARISTÓTELES

Os primeiros séculos da Idade Média na Europa foram de total desinteresse pelos estudos sobre a natureza. A influência filosófica de maior importância vinha de Platão (c.428-348 a.C.), por meio das doutrinas difundidas por comentadores cristãos de sua obra. Esse fato determinava um interesse maior nas questões relativas à teologia do que em estudos ligados à filosofia natural. Tal situação sofreu mudanças a partir do século XII, sobretudo após o contato com conhecimentos orientais pautados nos ensinamentos de outro filósofo grego, Aristóteles (384-83 a.C.-322 a.C.).

A obra de Aristóteles forneceu as bases para o surgimento de uma filosofia da natureza específica a partir do século IV a.C., porque dedicava atenção especial ao estudo da natureza, buscando um conhecimento racional das verdadeiras causas dos fenômenos. As análises que ele fez a respeito do mundo físico foram bastante originais, embora não significassem ineditismo completo. Muitas de suas propostas baseavam-se em outras, já existentes desde os tempos dos chamados filósofos pré-socráticos. Ao elaborar suas proposições, Aristóteles questionou e confirmou muitas idéias a respeito do mundo já formuladas e discutidas antes de sua época. Dentre elas, as que mais se destacaram foram as apresentadas por Platão.

Pré-socráticos

Sócrates (c.470-c.399 a.C.) é comumente considerado pai e fundador da filosofia. Antes dele, no entanto, houve alguns pensadores sobre os quais conhecemos muito pouco, porque deles só nos chegaram fragmentos escritos ou referências feitas por outros filósofos posteriores. Por terem vivido numa época anterior a Sócrates, foram chamados pré-socráticos. Os objetos de estudo desses filósofos eram os problemas de filosofia natural e epistemologia – a tentativa de compreensão das formas pelas quais os homens conhecem as coisas do mundo. No conjunto dos pré-socráticos podemos destacar: Tales de Mileto e Pitágoras que se dedicaram a questões relativas à matemática; Leucipo de Mileto e Demócrito de Abdera, que propuseram a noção de átomo, parte indivisível constituinte da matéria; Heráclito de Éfeso e Parmênides, que apresentaram diferentes concepções epistemológicas. Dentre esses merece atenção Empédocles de Agrigento, formulador da teoria dos quatro elementos que influenciou os estudos sobre a matéria até o século XVIII.

Teoria das idéias de Platão

Platão nasceu em Atenas, numa família aristocrática, e foi discípulo de Sócrates. Em toda a sua vida buscou alternativas que possibilitassem a regeneração do universo político da Grécia.

Para alcançar esse objetivo, porém, centrou suas atenções sobre o indivíduo, principalmente sobre a alma, que considerava desvinculada da natureza e, portanto, imortal e transcendental. Por atribuir à alma essas características, Platão defendia que a salvação do indivíduo só poderia ser alcançada quando este compreendesse os reais valores da verdade, da beleza e da bondade, que residiam na matemática e na dialética. Essa posição era complementada pela certeza de que a filosofia, por permitir superar crenças e opiniões do senso comum, era o método capaz de indicar a distinção entre o verdadeiro e o falso, o caminho para se estabelecer o que devia ser aceito por todos.

Dialética

Para Platão, dialética seria o processo que, partindo do diálogo de opiniões contrárias, iria separando a opinião (*dóxa*) do conhecimento ou ciência (*epistéme*), possibilitando à alma se elevar do mundo sensível ao mundo das idéias.

Platão defendia que a função do filósofo era pensar a política do Estado e a formação dos cidadãos, sobretudo dos dirigentes. Com essa preocupação, fundou em 387 a.C., nos arredores de Atenas, sua escola filosófica, a Academia. Como acreditava que o melhor dos dirigentes seria o filósofo, a escola tinha o propósito claro de formar, educando-o, um novo tipo de cidadão. Nesse sentido, formar era buscar a verdadeira *paideia*, isto é, uma nova cultura baseada na filosofia.

Os pensamentos de Platão de tal modo dominavam o ambiente da Academia que, na porta, fixou-se um de seus ditos: "Que não entre quem não souber geometria."

O filósofo dedicou-se a estudar questões a respeito da teoria do conhecimento. Um dos problemas com o qual trabalhou já intrigara diversos filósofos gregos: como conhecer as coisas do mundo se elas estão em constante transformação? Para resolver esse velho dilema da mutabilidade das coisas observadas no mundo sensível, ele apoiou-se em sua teoria da alma e criou uma distinção clara entre o chamado *mundo das idéias* e *mundo dos sentidos*.

Para melhor entender isso, imaginemos que estamos olhando para uma mesa. Sabemos que ela é diferente de todas as outras existentes no mundo. Pelos sentidos percebemos sua cor, a textura do material do tampo e outras diferentes características. Apesar das especificidades da mesa, detectada por meio dos sentidos e da percepção da inexistência de uma outra exatamente igual àquela, conseguimos ter a certeza de que aquele corpo é uma mesa, e não algo diferente. De acordo com Platão, isso ocorria porque tínhamos em nossa mente a idéia de mesa, antes mesmo que esse objeto surgisse na realidade. Em tudo que havia no mundo, sempre existia uma idéia correspondente dos seres vivos aos objetos construídos pelos homens.

O mundo natural teria sido criado por um demiurgo, a partir das idéias preexistentes. Portanto, aquilo que conhecemos pelos sentidos, que se mostra em constante mudança, seria uma percepção de cópias imperfeitas de uma outra realidade perfeita. O verdadeiro conhecimento se daria pela compreensão do mundo perfeito e imutável, ou seja, do mundo das idéias.

Assim, a prática filosófica seria essencialmente teórica, proporcionando, por meio da abstração, do abandono do mundo sensível e da superação da experiência concreta, o alcance da real natureza das coisas, o mundo das idéias.

Filosofia da natureza de Aristóteles

Aristóteles, assim como Platão, também se dedicou ao problema epistemológico da mutabilidade constante da natureza. Apesar de ter sido membro da Academia por dezenove anos, discordou da solução dada por Platão para o problema da mutabilidade. Segundo Aristóteles, considerar que em todos os seres havia uma idéia fora dos sentidos que ultrapassava o elemento material significava aceitar a existência de duas dimensões independentes, ou seja, duplicar a realidade. Considerando isso algo desnecessário, lançou novas proposições para explicar a natureza.

O filósofo julgava que todos os seres do universo continham em si mesmos duas dimensões indissociáveis, que denominou *matéria* e *forma*. Por exemplo, no caso da mesa analisada anteriormente, a matéria seria aquilo que daria particularidade à mesa, isto é, o material do qual era feita, com uma cor específica, tendo todas as suas características captadas pelos sentidos. Já a forma seria o que havia de universal na mesa, sua essência ou seu *eidos*. A forma seria o princípio da especificação e generalização dos seres, algo comum a todas as mesas.

Essa proposta, apesar de resolver a discordância de Aristóteles com relação à teoria das idéias, não explicava o mundo em constante transformação. Para responder a esse problema, foi necessária a construção de uma nova teoria, a das quatro causas: causa material, causa formal, causa eficiente e causa final.

Com o intuito de melhor compreender essa solução, analisemos o caso de uma pedra de mármore. Segundo Aristóteles, ela possuía a *forma* de pedra, sendo sua *matéria* o mármore. A forma – o que havia de comum a todas as pedras – era, como a idéia de Platão, imutável. Apesar disso, sabemos que um artista poderia elaborar uma escultura a partir daquela pedra original, fazendo assim com que a matéria mármore adquirisse uma nova forma. Como explicar essa suposta transformação?

Aristóteles respondeu à questão acrescentando os conceitos de *ato* e *potência*. Originalmente a pedra de mármore possuía a forma de pedra e, portanto, era pedra em ato. Mas, como podia tornar-se escultura, era também escultura em potência. Assim, as possíveis mudanças observadas nesse caso seriam resultados de um princípio de transformação da matéria, evidenciada por uma alteração de potência em ato.

A potência não passava espontaneamente a ato. Para que o processo ocorresse, era necessário um agente externo capaz de produzir a mudança. Nas palavras de Aristóteles, existiria sempre uma *causa eficiente*, ou seja, um agente responsável pela transformação. No caso do exemplo, o escultor.

Explorando ainda as mudanças vivenciadas na natureza, Aristóteles destacou que as possibilidades eram limitadas. Uma pedra não poderia nunca se tornar uma árvore, pois as transformações não ocorriam ao acaso. Elas eram necessariamente guiadas por uma finalidade, pressupunham uma *causa final*. Dessa maneira, ele associava a toda transformação uma causa material, uma causa formal, uma causa eficiente e uma causa final.

As diferentes transformações observadas decorriam do fato de que todos os seres tendem à imobilidade. De mudança em mudança, cada ser procurava se aproximar indefinidamente de sua finalidade ou de sua forma perfeita. Assim, a matéria, ao adquirir uma forma, não a recebia pronta e acabada, mas como algo inacabado, com uma potencialidade que precisava ser atualizada. Cada ser possuía uma forma atual e uma forma potencial, de maneira que sempre passava de uma situação mais imperfeita para uma outra, mais perfeita e acabada.

Se, para Platão, o conhecimento do mundo, a compreensão da verdade, a ciência, se davam pela abstração, pelo abandono dos sentidos e pelo entendimento da idéia que gerou o objeto estudado, para Aristóteles, ao contrário, o conhecimento se dava no próprio mundo, a partir dos sentidos, pois matéria e forma coabitavam o objeto.

Uma teoria da matéria

Para explicar a constituição dos corpos existentes na Terra, Aristóteles utilizou-se em parte da teoria dos quatro elementos primordiais, terra, água, ar e fogo, criados pelo pré-socrático Empédocles no século V a.C. Esses quatro elementos formariam todos os seres do chamado mundo sublunar, ou seja, o mundo terrestre. Um outro elemento, o éter, a quinta-essência, comporia os corpos do mundo celeste. Os quatro elementos primordiais eram aspectos de uma substância única, a matéria primeira que possuía diferentes formas em função das qualidades que a afetavam. A matéria estava, portanto, submetida à ação de um princípio que se encontrava fora dela, mas sem dela estar separado.

Para Aristóteles, os seres se constituíam porque a matéria pura, ao receber as formas, organizava-se nas quatro qualidades do sensível (seco, úmido, frio e quente), nos aspectos da forma do espaço (alto, baixo, longe, perto, pesado, leve etc.) e nos quatro aspectos da forma do tempo (novo, velho, agora, depois). Essa matéria qualificada foi chamada de matéria segunda, ou seja, o princípio de identificação dos seres. A forma era geral e universal, o diferencial era a matéria na qual ela se inseria. Com essa concepção sobre os seres, Aristóteles negou a existência de uma matéria pura sem qualquer forma a ela vinculada, assim como defendeu que a forma pura só poderia estar relacionada ao Primeiro Motor Imóvel, Deus.

As quatro qualidades, seco, úmido, frio e quente, apareceriam sempre nos elementos primordiais em dupla, sendo que os pares seco-úmido e frio-quente estavam excluídos, simplesmente porque qualidades contrárias não podem se agregar. Dentro dessa lógica, Aristóteles argumentou que, quando a matéria era afetada pela dupla frio-seco, ela se tornava terra. A água surgia a partir da dupla frio-úmido; o ar, do par quente-úmido; e o fogo, do quente-seco.

Esses quatro elementos – que por diferentes combinações originavam todos os corpos existentes no mundo sublunar – poderiam se transformar, desde que as duas qualidades formadoras do par original não desaparecessem simultaneamente. Para além dessa condição, todas as transformações eram possíveis. Assim, do par calor-úmido podiam-se obter apenas os pares calor-seco e frio-úmido.

O cosmos aristotélico era composto por várias esferas concêntricas. A Terra, considerada imóvel, ocupava o centro desse

Cosmos aristotélico

A imagem ilustra o Universo formado por esferas concêntricas, tal como concebido por Aristóteles. A Terra ocupava, imóvel, o centro do cosmos, e os corpos celestes estavam no mundo supralunar, separados e totalmente incomunicáveis em relação aos corpos terrenos, uma vez que não estavam sujeitos a transformações.

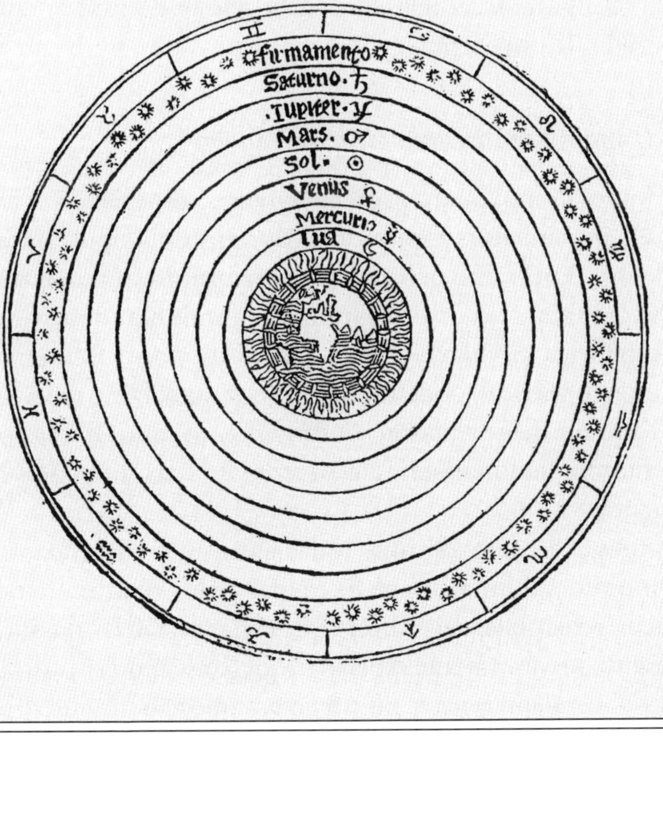

conjunto. Ao redor da Terra encontravam-se os quatro elementos, cada qual em seu lugar natural. Nesse conjunto, o mundo sublunar, tudo possuía princípio, meio e fim. Além dessa região, no mundo supralunar se encontravam os corpos celestes formados pela quinta-essência totalmente incorruptível, ou seja, não sujeita a transformações. Nesse ambiente todos os corpos celestes estavam presos a esferas cristalinas. A primeira era a da Lua, e a última, a das estrelas fixas. O Universo dessa forma concebido era finito, limitado e eterno, sem uma origem. Além do limite das estrelas fixas não havia nada, nem mesmo lugar, visto que, para Aristóteles, um lugar não poderia se apresentar separado de um corpo.

O movimento como transformação

O estudo do movimento recebeu atenção especial de Aristóteles. Os movimentos foram divididos em dois tipos: natural e violento. O primeiro ocorria tanto no mundo sublunar quanto no supralunar. No caso do mundo supralunar, o movimento natural seria circular e eterno. Já no mundo sublunar, seria retilíneo e vertical, podendo o corpo ir ao encontro do centro da Terra ou dela se afastar. O movimento natural dos corpos no mundo sublunar seria decorrente de suas diferentes composições.

Apesar de defender que todas as substâncias encontradas no mundo sublunar eram formadas pelos quatro elementos básicos, Aristóteles reconhecia que cada uma delas possuía um elemento predominante específico que, buscando encontrar seu lugar natural, provocava no corpo em questão um movimento ascendente ou descendente em relação à Terra. Assim, os corpos que tivessem maior quantidade de terra em sua constituição apresentariam naturalmente movimento retilíneo para baixo, quando largados. Já aqueles em que predominasse o elemento fogo se afastariam do centro da Terra.

A explicação dos movimentos não se resumia, contudo, a essa diferenciação. Aristóteles afirmava ainda que todo movimento requisitava um motor. Este era distinto da coisa em movimento, embora não estivesse dela física ou espacialmente separado.

No caso dos corpos celestes, o motor seria o espírito divino. Nos homens, era a alma. Dentro de sua lógica, Aristóteles precisou também atribuir um motor aos corpos em queda para o lugar natural. A causa primária do movimento natural foi relacionada a um agente particular, que teria sido o responsável pela produção da substância analisada. Por exemplo, o fogo produz fogo e, ao fazê-lo, confere ao novo fogo todas as suas propriedades, inclusive aquela referente ao seu movimento natural, ou seja, a de se afastar da Terra quando livre da ação de qualquer outro corpo, ou seja, abandonado.

Apesar desses argumentos, quando analisou o movimento natural de queda dos corpos sublunares, Aristóteles defendeu que o "peso" era a causa imediata daquele movimento, de forma tal que a velocidade de queda do corpo seria proporcional ao seu "peso" e inversamente proporcional à resistência do meio.

De um modo geral, Aristóteles considerou que a velocidade do movimento de um corpo qualquer seria proporcional à força a ele aplicada e inversamente proporcional à resistência do meio. Esta e outras conclusões levaram-no a negar a possibilidade de existência do vácuo. Isso porque, se a resistência de um meio fosse zero, como no vácuo, o movimento seria instantâneo, o corpo se deslocaria com velocidade infinita, não gastando portanto tempo algum para realizar o movimento. Segundo Aristóteles isso era absurdo.

Na análise dos movimentos violentos, ou seja, daqueles que necessitam de um agente externo ao corpo para ocorrer, Aristóteles dedicou atenção especial às situações em que esse corpo continuava se movimentando, mesmo após ter sido abandonado pelo motor, como acontece nos lançamentos de flechas por arcos. Para ele, uma flecha, após abandonar o arco lançador, não poderia continuar em movimento sem que uma força estivesse em contato com ela. Assim, para resolver o problema, tomou o ar – o meio em que a flecha se movimenta – como motor. O ar seria então o responsável pela força que mantinha o corpo em movimento após lançado. Porém, como rejeitava um movimento sem resistência, ele atribuiu ao ar um outro papel, o de resistência. Assim, na física aristotélica, o ar assumia uma dupla função: motor e resistência.

A classificação dos seres vivos

Aristóteles estudou também os seres vivos. Por ser filho de médico e ter crescido entre médicos, foi grande seu interesse por esse campo. Estudando os seres vivos, construiu uma hierarquização na qual eles foram classificados de acordo com sua finalidade no mundo. Essa finalidade era determinada pela forma, que, no caso dos seres vivos, era o seu princípio vital, a alma (*psykhé* em grego e *anima* em latim) de cada um. Num primeiro estágio estavam os vegetais, possuidores de uma alma que lhes dava as faculdades de nutrição e reprodução. A seguir vinham os animais, com uma alma que lhes garantia as duas capacidades anteriores e mais outras duas, locomoção e sensibilidade. Esta alma dava aos animais uma condição superior à dos vegetais, porque a sensibilidade fazia com que sentissem dor e, ao mesmo tempo, abria para eles as portas do conhecimento, por meio dos sentidos. Por último estava o homem, com uma alma que possibilitava, além das quatro capacidades anteriores, mais uma, a razão, que o colocava no ponto culminante da escala dos seres vivos. O homem tinha essa condição especial porque, além de conhecer pelos sentidos, era capaz de organizar as informações com o intelecto.

As almas davam a cada ser vivo uma finalidade no cosmos. Assim como a queda dos corpos explicava-se pela noção de retorno ao lugar natural, fazendo com que cada corpo cumprisse o seu destino, os seres vivos possuíam em suas almas a expressão de sua finalidade. Na filosofia da natureza de Aristóteles não existiria o acaso. Todo ser vivo exercia um papel no cosmos.

Aristóteles estudou especificamente os animais, elaborando uma classificação a partir de suas observações. A formação que ele tinha levou-o a fazer dissecações em animais e a estudá-los de forma bastante detalhada para a época. Suas análises levaram-no a separar os animais em vivíparos e ovíparos, no que tange ao processo de geração de novos seres, e em sanguíneos e não sanguíneos, quanto à presença ou ausência de sangue. Apesar de reconhecer que os animais eram formados, como toda a matéria existente, pelos quatro elementos, ele atribuiu ao fogo um papel preponderante. Este elemento seria responsável pelo calor gerado pelos animais, estando ligado a um princípio vital, o sopro (*pneuma*), que era transferido aos novos seres pelo macho. A fêmea, segundo Aristóteles, tinha apenas a função de abrigar o feto durante a gestação.

A filosofia da natureza de Aristóteles influenciou muitos estudos medievais. Algumas de suas idéias estiveram explicitamente no centro dos debates científicos até meados do século XIX.

2

O CENÁRIO MEDIEVAL

✧ ✧ ✧

O mais importante filósofo dos primeiros séculos da Idade Média foi Aurélio Agostinho, conhecido posteriormente como Santo Agostinho (354-430). Apesar de ter vivido na Antigüidade, sua influência estendeu-se por toda a Idade Média. Nascido em Tagaste, no norte da África, Agostinho completou seus estudos em Cartago, também situada no continente africano e importante cidade do Império Romano. Lá entrou em contato com diversas doutrinas filosóficas, tornando-se adepto do *maniqueísmo*.

Maniqueísmo

É a doutrina filosófico-religiosa surgida numa região onde é hoje o Iraque. Pregava a existência de dualismos no cosmos, como bem e mal, luz e trevas, Deus e demônio. Seus fundamentos tinham influências do budismo e do hinduísmo e se espalharam por todo o Império Romano nos primeiros séculos da era cristã.

Agostinho tornou-se professor de retórica, mudou-se para Roma e posteriormente assumiu um cargo em Milão. Nessa época já havia abandonado o maniqueísmo e aderido a correntes de pensamento baseadas na filosofia de Platão. Aproximando-se do bispo da cidade, Ambrósio (c.339-397), converteu-se ao cristianismo. Esse fato mudou radicalmente sua vida, levando-o a desenvolver um trabalho no qual buscava conciliar o platonismo com os fundamentos da fé cristã.

Uma das idéias centrais da doutrina de Agostinho – e que influenciou bastante a filosofia medieval, chegando até a modernidade – foi a dualidade corpo e alma. Apesar de considerar essas duas realidades na vida dos homens, julgava haver uma supremacia da alma sobre o corpo, negando tudo o que se referia ao prazer e ao mundo dos sentidos e favorecendo a busca de uma transcendência. Acreditava que os homens deveriam se concentrar na purificação da alma. A partir da obra de Agostinho, esse princípio passou a dominar o cristianismo.

O isolamento do mundo passou então a ser visto como caminho para a salvação. Diversas comunidades foram criadas a partir dessa idéia, adotando a vida isolada nos mosteiros. Embora a prática monástica não tenha sido uma invenção medieval, ao longo desse período a Europa viu se multiplicarem os mosteiros beneditinos (da Ordem de São Bento) e os agostinianos (da Ordem fundada pelo próprio Santo Agostinho). Tanto São Bento (c.489-c.547) como Santo Agostinho criaram regras muito claras para reger a vida dentro dos monastérios. Essas normas dividiam a jornada dos monges em tempos de oração, trabalho e repouso. O trabalho a princípio era realizado no campo, na produção dos bens necessários à subsistência. Mais tarde os monges passaram a arrendar suas terras a camponeses que as cultivavam, entregando parte da produção ao convento. As horas dedicadas ao trabalho começaram a ser redirecionadas para atividades de estudo e reflexão filosófica, fazendo do mosteiro um centro de produção e armazenagem de conhecimentos, dotado de bibliotecas e escritórios onde livros eram escritos e copiados.

Com o tempo, alguns mosteiros criaram escolas para cuidar da formação intelectual dos futuros monges e dos nobres locais, com dois tipos de formação. Uma delas era básica e visava a educação dos jovens, fossem eles seguir a vida monástica, se tornar clérigos seculares ligados a uma paróquia ou continuar na administração das terras de seus pais. A outra era interna ao mosteiro, visando a formação superior dos monges. Tanto num caso como no outro, percorria-se um curto caminho que ia do aprendizado da leitura em latim, próprio da formação básica, ao estudo das escrituras sagradas, do canto e da teologia, próprio da formação dos monges.

Com o aumento do número de escolas, surgiu um currículo básico, estruturado em torno das sete artes liberais, que se dividiam em dois grupos de três e quatro matérias. O *trivium* que era composto de gramática, retórica e dialética; e o *quadrivium*, formado por geometria, aritmética, astronomia e música. O primeiro objetivava o aprendizado da leitura e a interpretação de textos. Já o *quadrivium*, que poderia sugerir um conteúdo mais científico, não chegava a dar necessariamente uma iniciação à matemática e à filosofia natural, na forma como estas já haviam sido desenvolvidas no mundo grego. A aritmética, por exemplo, não passava de um conjunto de explanações sobre os números, sem que houvesse uma prática de cálculos propriamente dita.

Dos mosteiros às novas escolas urbanas

A partir do século XI, a vida urbana começou a ganhar importância em diversas partes da Europa. O desenvolvimento de técnicas agrícolas e de transporte fez com que as populações rurais pudessem viver de forma mais agrupada, não necessitando morar próximo das terras cultivadas. As cidades cresceram, tornaram-se centros de comércio e ganharam poder político e econômico. Esse contexto fez surgir um novo tipo de escola urbana ligada às paróquias e às dioceses. Ao construírem suas catedrais, os clérigos seculares buscavam fundar escolas ao seu redor. A grandiosidade dos templos simbolizava uma forma de poder, e as escolas constituíam parte desse projeto. A formação escolar voltava-se para a nobreza, os clérigos urbanos e os administradores das paróquias, que, ao contrário dos monges, possuíam uma cultura muito incipiente.

Como a maioria das escolas não possuía um espaço específico para ministrar a formação, as aulas ocorriam no próprio prédio da catedral. No princípio, o corpo docente era formado por um grupo de cônegos que, além de auxiliar os bispos e os padres na administração das dioceses e paróquias, também ministrava os cursos. O ensino não seguia qualquer padronização. Cada cidade tinha a liberdade de formular seu próprio currículo.

Com o passar do tempo, surgiram professores que não eram cônegos ou clérigos, mas tinham permissão eclesiástica para lecionar. A fama adquirida por esses mestres acarretava prestígio para a cidade. Dependendo de seus interesses, as escolas enfatizavam algumas áreas de estudo, criando especializações que, com o tempo, foram se acentuando. Escolas como a da catedral de Chartres, na França, ficaram famosas pelo tratamento dado ao ensino do *quadrivium*. Outras, como a de Paris, no ensino da dialética. À medida que algumas escolas se especializavam e tornavam-se conhecidas pelos cursos que ofereciam, o corpo docente passou a se preocupar com seu próprio aperfeiçoamento. Ergueram-se bibliotecas, e tornou-se freqüente a busca de novos manuscritos. Eram comuns as viagens de professores com a finalidade de estudar ou copiar manuscritos em mosteiros distantes.

À medida que as catedrais cresciam em importância, passavam a abrigar não uma, mas várias escolas especializadas. Algumas delas uniram-se e formaram o núcleo do que viriam a ser as futuras universidades. Entretanto, um fato de extrema importância aconteceu na faixa mais ocidental da Europa, a Península Ibérica: a invasão árabe e a posterior criação em Córdoba de um dos mais importantes centros de estudo do islã.

A herança árabe

Após a morte de Maomé, em 632, os árabes principiaram um movimento de conquistas e expansão de seus domínios. A partir da unificação dos povos que habitavam a Península Arábica, começou um movimento de expansão em direção ao nordeste e ao oeste. Em pouco mais de quinze anos, Egito, Palestina, Síria, Pérsia e Armênia estavam sob o domínio árabe. O Império Bizantino recuou, cedendo terreno aos novos conquistadores. Na virada do século VII para o VIII seu território aumentou ainda mais com a conquista do norte da África e da Península Ibé-

O Império Árabe

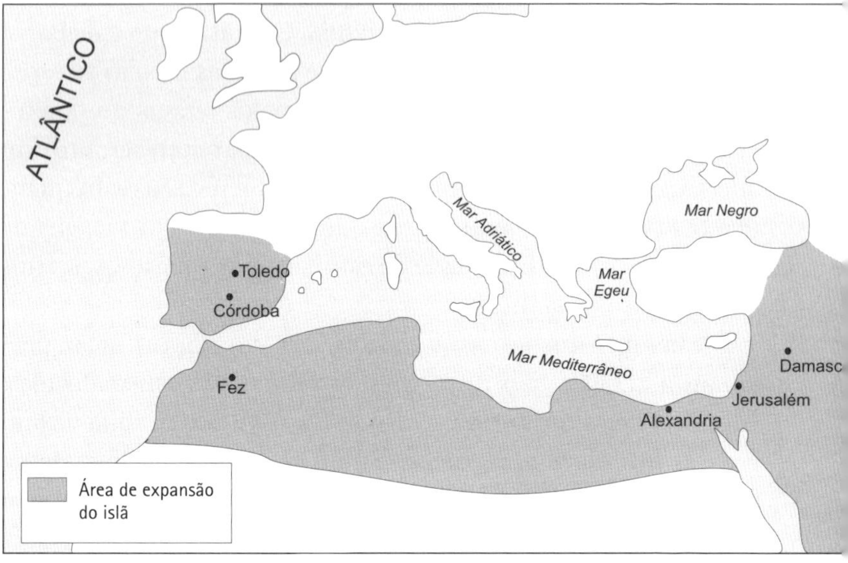

Em pouco menos de um século, os árabes expandiram seu território para leste, chegando à fronteira com a China e a Índia, e para oeste, dominando o norte da África e a Península Ibérica.

rica. Em pouco menos de um século aquele povo formado por tribos nômades constituiu um império bem estruturado, cujos domínios situavam-se numa vasta região entre a Índia e o Oceano Atlântico.

Ao dominar esse imenso território, os árabes passaram a ter acesso aos conhecimentos nele existentes. No norte do Egito situava-se Alexandria, cidade que havia se tornado um dos maiores núcleos de investigação no campo da filosofia natural nos séculos finais da Antigüidade. Apesar de grande parte do

saber grego ter-se transferido para a Síria, junto com grupos cristãos considerados heréticos, a cidade ainda guardava uma tradição cultural forte. A Síria e a Pérsia eram regiões que abrigavam centros de investigação em áreas como astronomia, medicina e alquimia. Além disso, a maior parte dos textos gregos já se encontrava traduzida para o siríaco, língua considerada culta no Oriente por volta do século VII. Na fronteira leste do império existiam outros povos, na Índia e na China, também com larga tradição intelectual, o que permitia a migração de manuscritos e sábios. Os árabes herdaram uma ampla gama de conhecimentos, passando a administrar bibliotecas e escolas em diversas áreas.

Com o domínio da dinastia dos Abássidas, em 750 d.C., a capital do império árabe fixou-se em Bagdá. A partir de então começou a se desenvolver um projeto, pelo califa Al Mansur, de transformar a cidade num grande centro de cultura. Para lá afluíram sábios e tradutores de diversas partes do império, que aí passaram a desenvolver seus trabalhos. Surgiram traduções das principais obras existentes nas bibliotecas dos territórios ocupados. Os descendentes de Al Mansur ampliaram o projeto e fundaram a Casa da Sabedoria, uma importante biblioteca que reunia filósofos, astrônomos, matemáticos e médicos. O árabe transformou-se em pouco tempo na língua de comunicação intelectual de todo o império. Aquilo que ficou conhecido como *ciência árabe* era um conjunto de trabalhos filosóficos e científicos de sábios de diversas regiões e de diferentes credos, escritos em árabe. A padronização lingüística fez o conhecimento fluir livremente por todo o império.

As rivalidades políticas entre dinastias fizeram com que outros centros de investigação e ensino ganhassem importância. Em Córdoba, na Península Ibérica, constituiu-se um desses centros. Para lá afluíram sábios e manuscritos pelas rotas comerciais do norte da África. Com o mecenato da dinastia dos Omíada, que rivalizavam com os Abássidas, a cidade ganhou autonomia e se transformou num importante pólo comercial e cultural. Em seus centros de estudo passaram a ser realizadas investigações nos mais variados campos como a medicina, a astronomia, a física e a alquimia.

O pensamento de Aristóteles ganhou importância na interpretação de diversos filósofos no mundo árabe. Ibn Rushd (1126-1198), conhecido mais tarde na cristandade como Averróis, foi um dos principais comentadores islâmicos de Aristóteles. Tendo vivido a maior parte do tempo em Córdoba, Averróis atuou também como médico e jurista. Suas idéias introduziram contradições no mundo islâmico, desencadeando uma onda de perseguições por parte de grupos fundamentalistas. O núcleo de seu trabalho era a defesa da total separação entre razão e fé. Alguns discípulos, temendo pelo futuro da obra do mestre, produziram várias cópias de seus livros e enviaram-nas para bibliotecas, tanto do mundo árabe oriental como da cristandade. Esse processo de difusão possibilitou a perpetuação de escritos de Averróis. Entretanto, na Europa cristã, o conhecimento de sua obra produziu o mesmo tipo de reação da

Al-Andaluz

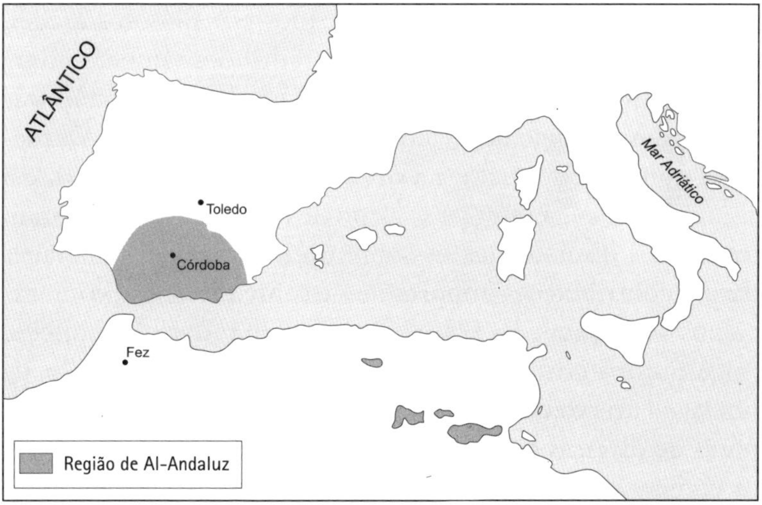

A reconquista da Península Ibérica reduziu os domínios árabes no século XIII a uma pequena faixa de terra ao sul denominada Al-Andaluz.

dos islâmicos. Quase um século depois de sua morte, a cisão entre filosofia e teologia foi condenada pela Igreja.

Com a reconquista pelos reis cristãos de parte da Península Ibérica a partir do século XII, os árabes ficaram restritos ao sul, na região denominada Al-Andaluz. Algumas cidades da área cristã passaram a desempenhar um papel fundamental como elo entre os dois mundos. Em Toledo, no centro da península, tradutores começaram a verter manuscritos do árabe para o latim. A grande quantidade de conhecimentos disponíveis em língua latina que invadiu a Europa coincidiu com o surgimento das universidades.

Os novos intelectuais tomaram contato com inúmeros textos filosóficos gregos. O pensamento de Aristóteles, que antes era parcialmente desconhecido na cristandade, chegou acompanhado pelos comentários produzidos por filósofos árabes. Para além da filosofia grega, foram traduzidos também diversos manuscritos de astronomia e várias tabelas astronômicas elaboradas ao longo de séculos de observações celestes. Os médicos conheceram melhor a obra de Galeno (c.129-200), e a alquimia passou a integrar o corpo de estudos. Na física foram traduzidos diversos textos sobre óptica nos quais os árabes davam contribuições importantes, e sobre mecânica, com trabalhos de Arquimedes (287-212 a.C.) e do próprio Aristóteles.

A Europa cristã medieval tomou conhecimento, então, de um vasto acervo da antigüidade clássica grega, assim como de obras de diversas culturas orientais. Somando-se a isso todos os comentários e desenvolvimentos produzidos pela cultura árabe, percebe-se o volume de conhecimentos que convergiram para aquela região num período muito curto.

Novas ordens e novos interesses

Os conhecimentos introduzidos na cristandade a partir do século XII coincidiram com diversas transformações no seio da Igreja medieval. Vários movimentos começaram a propor novas interpretações dos textos sagrados, questionando as posições adotadas pela hierarquia da Igreja e colocando em questão o poder e a riqueza de bispos e do papa. Alguns desses movimentos religiosos pregavam uma volta à simplicidade dos primeiros cristãos e perseguiam o clero das cidades. A dificuldade em lidar com a diversidade de idéias e de responder de forma pacífica aos atos que estavam sendo praticados fez com que a maior parte desses movimentos fosse considerada herética e passasse a ser perseguida.

Para fazer frente a essas iniciativas, a hierarquia da Igreja permitiu o surgimento de novas ordens religiosas, sobretudo daquelas que se dispusessem a combater as ditas heresias. Dentre essas ordens havia duas que se tornaram cruciais a partir do século XII, a dos dominicanos e a dos franciscanos.

Os dominicanos surgiram com o intuito de constituir um grupo bem preparado na arte de pregar a doutrina e, portanto, de combater ideologicamente as heresias presentes nos movimentos religiosos da época. Como ordem de pregadores, seu espaço de atuação deixou de ser o mosteiro, passando para as praças e ruas das vilas e cidades. Mais tarde as universidades se transformaram nos lugares privilegiados dessa pregação, por meio do embate acadêmico entre as diversas correntes teológicas. Santo Tomás de Aquino (1225-1274), o grande filósofo que se tornou o maior expoente nos estudos dos assuntos ligados à fé cristã dos séculos finais da Idade Média, pertencia a essa ordem religiosa.

Os franciscanos, por sua vez, seguindo as propostas de seu fundador, São Francisco de Assis (c.1182-1226), defenderam uma vida de pobreza ao estilo da pregação de muitos movimentos heréticos do século XII. Em seus primeiros anos, procuraram não questionar de forma direta as posições da hierarquia eclesiástica, apenas vivendo de acordo com sua proposta. Isso ajudou-os a se constituir como ordem religiosa, com o reconhecimento do papado. Com o tempo, dividiram-se em várias correntes. Uma delas pregava um abrandamento da proposta inicial de pobreza total e um enquadramento da ordem na forma clássica de vida monástica. Uma outra radicalizou o ideal de pobreza, com frades mendigando pelas cidades e condenando a riqueza e o poder da hierarquia eclesiástica. Essas correntes geraram muitos atritos nos primeiros anos da ordem, resultando em feroz perseguição à última, a dos chamados *espirituais*.

São Francisco de Assis não foi um intelectual. Chegou mesmo a recomendar aos seus seguidores que não se dedicassem aos livros, pois o conhecimento poderia levá-los à vaidade e às disputas intelectuais, contrárias ao ideal de pobreza. Entretanto, sua defesa de que Deus falava aos homens também pela natureza levantou uma nova perspectiva para os estudos da época. Diversos frades interpretaram essa vocação franciscana como um convite a um melhor conhecimento da natureza, acreditando que com isso estariam se aproximando de maneira mais verdadeira dos desígnios de Deus. Esse momento, na passagem do século XIII para o XIV, coincidiu com a difusão pela Europa das diversas traduções de textos de física, astronomia, medicina e alquimia. O interesse dos franciscanos por essas áreas foi uma conseqüência lógica de sua filosofia religiosa. A partir daí, alguns deles começaram a fundar escolas dedicadas aos estudos dos textos de filosofia natural. Dentre elas havia uma, em Oxford, na Inglaterra, que teve papel de destaque no desenvolvimento dos estudos sobre a natureza.

A Universidade de Oxford, fundada em 1264 pela junção de três colégios, não tinha grande tradição em estudos teológicos. Por isso, teve maior liberdade para desenvolver áreas alternativas, ao contrário de Paris, onde estava a nata dos teólogos da época. Esse fato ajudou a consolidar em Oxford uma linha de investigação que privilegiava os estudos árabes e gregos de filosofia natural. Lá foram desenvolvidos diversos trabalhos em óptica e alquimia e, ao longo dos séculos seguintes, também em mecânica. De Oxford saíram inúmeros filósofos da ordem franciscana que deram importantes contribuições à filosofia natural, como Robert Grosseteste (1168-1253), Roger Bacon (1214-1292), John Duns Scotus (1265-1308) e Guilherme de Ockham (1280-1349).

A maioria das universidades medievais seguia um modelo em que existiam estudos preliminares, uma espécie de ciclo básico que ficou conhecido como Faculdade de Artes. Após essa etapa inicial, o curso se subdividia em especializações, como o direito canônico, a medicina e a teologia. A Faculdade de Artes, de cunho introdutório, passou a funcionar como um laboratório de novos saberes. Lá eram ensinadas as novas ciências vindas do mundo árabe e que estavam agitando a cristandade.

Ao final do século XIII, o edifício intelectual erguido ao longo de toda a Idade Média encontrava-se de tal forma abalado pelas novas idéias que o bispo de Paris, Étienne Tempier, fez publicar uma condenação, em 1277, de diversas proposições de Aristóteles e de seus comentadores, consideradas erros execráveis. As teses condenadas faziam parte dos ensinamentos ministrados principalmente nas faculdades de artes e tinham clara influência dos comentários de Averróis. Essa medida pretendia conter o vendaval de novas idéias que estavam varrendo a Europa com influência especial sobre a teologia.

A ascensão dos mecanismos

A convergência de saberes que transformou a face da Europa a partir do século XII não se restringiu à filosofia ou à teologia. Muitas técnicas desenvolvidas pelos diversos povos que habitavam o vasto território dominado pelos árabes foram aplicadas na Península Ibérica e no sul da Itália. Os árabes conheciam os segredos da fabricação de diversos mecanismos, desde moinhos d'água e de vento às elevatórias de água, passando pela irrigação das terras. Com o tempo, todas essas técnicas foram migrando para o restante da Europa e, ao serem incorporadas aos conhecimentos técnicos já existentes, tornaram-se responsáveis por uma verdadeira revolução técnica. Por volta do século XIII já havia moinhos d'água operando juntos em diversos pontos de um mesmo rio, constituindo-se assim um engenho transformador de grãos em farinha. Recenseamentos feitos na região do rio Aube, na França, registraram a existência de quatorze moinhos no século XI, sessenta no século XII e duzentos no século XIII.

Ao se espalharem pelo continente, os conhecimentos técnicos destacaram um novo tipo de profissional. As máquinas eram construídas por um artesão que trabalhava com a fundição de peças de ferro e com o corte de pedras. Com o tempo, esse profissional passou a ser denominado engenheiro, por fabricar engenhos. O leque de tarefas desses homens era amplo, pois além de se dedicar à construção de mecanismos, também erguiam os moinhos. Embora esse tipo de trabalho não fosse novo na história da humanidade, na Europa medieval ele ganhou um impulso sem precedentes.

A partir da multiplicação dos moinhos, o número de engenheiros aumentou sensivelmente. Com isso, as técnicas de construção se aperfeiçoaram rapidamente e possibilitaram o aparecimento de diversos canteiros de obras, com tipos de construções inéditos. As catedrais góticas, que se tornaram símbolos de po-

A catedral gótica possuía alturas descomunais tanto interna como externamente. Sua construção exigiu grandes avanços em termos de engenharia: a sustentação dos arcos em forma de ogiva a grandes alturas e com finas colunas demandou soluções técnicas inovadoras.

der das emergentes cidades, nasceram nesse processo. A construção gótica, com grandes alturas nas naves centrais, exigiu a solução de diversos problemas técnicos no campo da mecânica. Além disso, a sofisticação arquitetônica ali exigida acarretou o aperfeiçoamento de algumas artes tradicionais, como a marcenaria, a metalurgia, o corte de pedras e a produção de vidros.

A transformação técnica vivida pela Europa teve na construção dos relógios mecânicos uma de suas maiores conquistas. Os relógios eram utilizados desde a Antigüidade, e alguns, com mecanismos simples, já existiam na China antes do século XII. Mas os europeus desempenharam um papel decisivo no desenvolvimento de mecanismos sofisticados com o intuito de marcar a passagem do tempo.

A vida nas cidades era muito diferente daquela que se desenvolvia nos mosteiros. As novas formas de trabalho urbano demandavam novos ciclos temporais e o relógio passou a exercer um novo papel no dia-a-dia das cidades.

A princípio, os mecanismos eram hidráulicos. Mas o problema do congelamento da água em diversas regiões impulsionou a busca de novas soluções. Com o tempo, os relógios passaram a ser puramente mecânicos, utilizando contrapesos. Essa inovação fez com que os engenheiros acumulassem uma grande quantidade de conhecimentos sobre a transferência de movimentos.

O rápido desenvolvimento técnico vivido a partir do século XII passou a valorizar uma nova metodologia de trabalho. Os engenheiros, antes de iniciar a construção de um mecanismo ou de uma edificação, passaram a representar no papel o

Relógio astronômico de Dondi

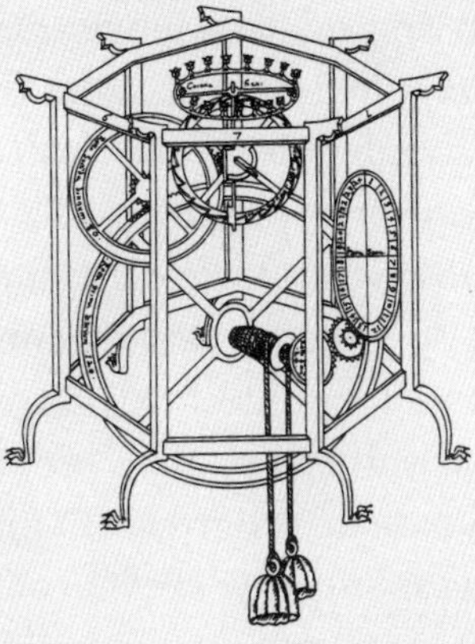

Talvez o relógio mecânico tenha sido uma das mais importantes invenções da Idade Média. Com ele os europeus aprenderam a quantificar o tempo, dividindo-o em intervalos regulares. Um dos mais importantes artefatos mecânicos cujo projeto chegou aos nossos dias foi o relógio astronômico da família Dondi. Jacopo di Dondi (c.1293-1359) e seu filho Giovanni eram estudiosos de astronomia e trabalhavam como construtores de máquinas em Pádua. Uniram assim seus conhecimentos de astronomia e mecânica para fabricar um relógio que funcionava com diversas engrenagens, girando a partir da queda de pesos. Esse relógio, além de marcar as 24 horas do dia, também indicava os dias do ano e algumas festas móveis da Igreja. A sofisticação mecânica do relógio astronômico de Dondi, como ficou conhecido, fez com que somente muitos anos mais tarde, já no século XIX, se conseguisse construir uma réplica a partir dos projetos deixados desde o século XIV.

que estavam pensando. Essa primeira fase do trabalho técnico, o projeto, constituía uma elaboração teórica daquilo que se queria ver construído. A seguir os engenheiros iniciavam o processo de concretização do projeto, a fabricação. Nessa etapa havia necessidade de uma adequação daquilo que existia anteriormente como idéia à realidade do processo de construção. Posteriormente, com o objeto pronto, podia-se estudar seu funcionamento para possíveis aperfeiçoamentos futuros.

A metodologia de trabalho dos engenheiros trouxe para o mundo medieval um novo ideal. A transformação constante em busca da melhor solução para os problemas permitiu vislumbrar a possibilidade de progresso. O universo medieval foi posto diante de um saber que se aperfeiçoava, que se desenvolvia passo a passo. O confronto de um conhecimento progressivo com as querelas teológicas medievais, que muitas vezes atravessavam séculos, tornou-se inevitável. Alguns filósofos passaram então a se perguntar sobre a eficácia das antigas estruturas e sobre as possibilidades de se conceber uma nova forma de conhecer que fosse ela também passível de progresso.

O conjunto de saberes que fluiu para a Europa iniciou um movimento sem precedentes na história. Ao longo dos últimos séculos da Idade Média, um novo projeto de ciência foi sendo paulatinamente construído.

3

ESTUDO DO MOVIMENTO

A natureza está eternamente em mudança, ou as alterações que nela observamos são aparentes? O que acontece a um corpo quando se modifica ou muda de lugar? O que provoca as transformações observadas na natureza?

Na Idade Média, os filósofos construíram suas respostas com base nas interações que tinham com a natureza, nos ensinamentos de Aristóteles e Platão e nos textos árabes sobre o tema.

A cultura árabe fez uma leitura crítica do pensamento de Aristóteles, bastante influenciada pelas propostas do cristão neoplatônico João Philoponus de Alexandria (c.490-c.570), o primeiro a formular uma crítica sistemática da explicação aristotélica para os movimentos e a apresentar para ela uma proposta alternativa. Nesse caminho, ele defendeu, por exemplo, que o meio no qual o corpo se movimentava tinha o papel exclusivo de diminuir sua velocidade inicial, e que por isso o motor do movimento violento de corpos como flechas não poderia ser o ar circundante. O que ocorria em situações similares àquela era que o lançador, ao atirar o objeto, transferia a ele uma força cinética (*dinamis kinétiké*). Tal força não permanecia eternamente no corpo lançado, mas tinha seu valor diminuído em função da resistência do meio e da tendência do corpo a procurar seu lugar natural.

Como decorrência da crítica, a tese de Aristóteles de que a velocidade adquirida por um corpo em movimento seria inversamente proporcional à resistência foi substituída por uma outra, em que o valor da velocidade dependia da diferença entre a força motora e a resistência do meio. De acordo com todas essas novas considerações, a velocidade adquirida por um corpo em movimento num suposto vácuo não seria mais infinita, nem o movimento do corpo seria eterno. Num local em que a resistência fosse nula, a velocidade se apresentaria proporcional à força motora, e, portanto, teria seu valor alterado em função da diminuição da intensidade dessa força.

Philoponus divergiu de Aristóteles também no que dizia respeito à idéia de espaço, que passou a ser considerado uma extensão não necessariamente associada a um corpo.

Ibn Sina (980-1037), conhecido no mundo latino por Avicena, foi um dos pensadores árabes que trabalhou sobre as propostas de Philoponus. Assim como aquele filósofo, rejeitou a tese aristotélica de que o ar tinha um duplo papel no movimento violento, adotando a tese da força impressa. Ele defendia a idéia de que, nos movimentos violentos, o lançador, ao entrar em contato com o corpo, imprimia-lhe uma força que ficava contida no corpo após o término do contato, sendo por isso responsável pelo movimento observado. Apesar dessa consideração, Avicena concluiu que a força impressa só tinha o valor alterado em função da resistência do meio, e que, portanto, num suposto vácuo, uma flecha apresentaria um movimento eterno e infinito. Essa conclusão final fez com que ele negasse a possibilidade de vácuo, uma vez que admitia um universo finito.

Avicena ainda buscou dar um tratamento quantitativo para os movimentos violentos, concluindo que corpos que possuíam uma mesma força impressa viajavam com uma determinada velocidade inversamente proporcional a seus pesos. De forma análoga, aqueles que, sob uma mesma força impressa, viajassem com uma mesma velocidade num dado meio percorreriam distâncias diretamente proporcionais a seus pesos.

Outro importante comentador de Aristóteles do mundo árabe foi Ibn Bãjja (†1138-39). Conhecido no mundo latino por Avempace, era um grande crítico da física aristotélica. Ele negou, entre outras coisas, o argumento de que a velocidade era proporcional à força aplicada e inversamente proporcional à resistência do meio. Assumiu em vez disso a tese, de alguma forma já defendida por Philoponus, de que a velocidade adquirida por um corpo em movimento era igual à força subtraída da resistência do meio em que o corpo se movimentava. Para explicar o movimento violento também fez uso da força sobre ele impressa.

Avempace defendeu sua tese e negou a aristotélica utilizando alguns argumentos similares aos de Philoponus. Segundo ele, para que a teoria de Aristóteles fosse plenamente aceita era necessário admitir que num meio em que a resistência fosse zero, não haveria nada que mantivesse o movimento nem que o cessasse, e que por isso o corpo iria de um ponto a outro sem gastar tempo, ou seja, instantaneamente. Os corpos celestes, por exemplo, como se movimentavam no éter – o fluido perfeito e divino constituinte do mundo supralunar e que nenhuma resistência oferecia –, deveriam então ir de um ponto a outro de suas trajetórias instantaneamente. Porém os fatos evidenciados pelo próprio Aristóteles tornavam falsa essa tese. O filósofo observara que os corpos celestes assumiam cada qual uma velocidade distinta, e que nenhum deles possuía movimento instantâneo. A constatação desse fato, segundo Avempace, provava a falsidade da proposição de Aristóteles a respeito da velocidade adquirida por um corpo em movimento.

O olhar cristão sobre o problema do movimento

A partir das transformações culturais ocorridas no século XII, os filósofos encontraram, seja por meio de obras gregas até então desconhecidas, seja de comentários dessas obras de filósofos ligados à cultura árabe, um enorme volume de conhecimentos a respeito do estudo dos movimentos.

Nesse processo, alguns filósofos se destacaram, como foi o caso de Santo Tomás de Aquino. Embora seja considerado o conciliador dos ensinamentos de Aristóteles com o pensamento cristão, seus escritos sofreram fortes influências de algumas das críticas feitas por comentadores árabes. Em termos da física aristotélica, por exemplo, ele levou em conta as críticas de Avempace, tomando posição a favor delas. Ao rejeitar a proposição aristotélica de que o movimento no vácuo seria instantâneo, defendeu, como aquele pensador, que o fato dos corpos celestes se movimentarem no éter com velocidades finitas e diferentes entre si era a prova da falsidade da tese aristotélica. Santo Tomás admitiu ainda que o espaço vazio era uma grandeza dotada de extensão, de forma tal que, mesmo no vácuo, o corpo, ao percorrer uma certa distância, demandava um tempo diferente de zero. Também aceitou a tese de que a velocidade adquirida por um corpo em movimento seria igual à força aplicada, subtraída da resistência do meio em questão.

Ele seguiu entretanto um caminho próprio, ao acrescentar novas questões à física. Defendeu que o movimento ocorria sob a ação de um motor e de uma resistência interna, o *corpus quantum*. Essa resistência que era proveniente da própria dimensão do corpo, fazia com que no vácuo cada ente apresentasse uma velocidade própria, que não teria seu valor alterado. Isso porque, como o vácuo não oferecia qualquer resistência extra, um corpo ali em movimento deveria permanecer eternamente com sua velocidade própria, percorrendo então um espaço infinito. Esse fato, associado à finitude do Universo, tornava impossível a existência do vácuo.

Na Idade Média as discussões a respeito da possibilidade do vácuo foram intensas. Discutiu-se muito a idéia de Santo Tomás e outros de que o movimento ali não seria instantâneo, requisitando necessariamente um tempo definido. Tanto o espaço cheio quanto o vácuo passaram a ser tomados como extensões, magnitudes dimensionais, de forma tal que, para mover-se de um ponto a outro, o corpo precisaria necessariamente percorrer um espaço, fosse ele vazio ou cheio; assim, um tempo estaria sempre associado ao movimento.

As proposições de Santo Tomás que buscavam conciliar a razão aristotélica com a fé cristã foram enquadradas na condenação de 1277, proclamada pelo bispo Étienne Tempier. A acusação era ainda reforçada pela defesa de Aquino de que o conhecimento não provinha exclusivamente da iluminação divina, mas que a razão tinha um papel preponderante no alcance da verdade e da certeza. Anos depois reviu-se a sentença, e passou-se a admitir a reconciliação entre a ciência grega e a ortodoxia cristã formulada por Santo Tomás. Esse reconhecimento valeu sua canonização no ano de 1323.

Nominalismo

O impacto da condenação das proposições aristotélicas foi rápido e abrangente. Nesse novo contexto inseriu-se o trabalho do frade inglês Guilherme de Ockham, da Universidade de Oxford, que defendia a separação entre razão e fé, propondo a cisão entre o poder do rei e o da Igreja. Além disso, ele criticava o caráter mundano da Igreja, sendo por isso convocado a comparecer a Avignon, na França, sede do poder católico na época, para explicar suas posições. Lá envolveu-se nas controvérsias entre o papa João XXII e os franciscanos e entre aquele e o imperador alemão Luiz da Baviera, que apoiava os seguidores de São Francisco.

Aceitando as premissas da condenação, ou melhor, defendendo a proposição de que o poder de Deus era inquestionável e não poderia ser limitado por qualquer pressuposto filosófico, Ockham construiu seus trabalhos sob a idéia de que o mundo seria completamente dependente da vontade de Deus, o único que, por seu absoluto poder, poderia ter feito as coisas como elas são. Dentro dessa concepção, concluiu que Deus poderia por sua própria vontade produzir nos homens a crença da não realidade de um objeto atualmente existente, de tal forma que seria necessário considerar que as certezas psicológicas tornavam-se indistinguíveis daquelas baseadas na objetividade dos sentidos.

Ockham acabou por negar a possibilidade de se alcançarem as causas verdadeiras dos fenômenos naturais por intermédio de conhecimentos racionais. Esse posicionamento levou-o a uma epistemologia caracterizada por um empirismo radical, na qual o único conhecimento possível seria aquele adquirido diretamente da experiência. Contudo, nem mesmo esse procedimento garantia a certeza de relações causais, uma vez que Deus podia, por sua vontade própria, mudar os rumos dos acontecimentos mundanos a qualquer momento (por exemplo, ateando fogo diretamente na roupa), sem a necessidade de qualquer causa secundária.

Guilherme de Ockham ficou conhecido pela apresentação do princípio de economia do pensamento denominado Navalha de Ockham, estabelecendo que se devia sempre utilizar o menor número possível de entidades nas explicações de um fenômeno. Além disso, ele foi reconhecido como o principal defensor do nominalismo no final da Idade Média. Essa corrente filosófica defendia que, quando se tratava dos universais, ou seja, da essência dos indivíduos ou fenômenos, devia-se apenas nomeá-los, atribuindo-lhes termos e conceitos. Isso porque os universais seriam apenas entidades mentais, operações do intelecto que não possuíam existência real.

A obra de Ockham teve uma grande importância no século XIV, produzindo uma tendência a aceitar o empirismo como o caminho para se atingir qualquer conhecimento verdadeiro.

Os teólogos que o seguiram acabaram por limitar drasticamente a aplicabilidade de provas filosóficas na teologia. Já os que se dedicavam à parte do conhecimento identificada hoje como ciência tomaram os ensinamentos filosóficos de Ockham, mas esqueceram-se de alguns de seus pressupostos teológicos e filosóficos. Assim, assumiram que o conhecimento indutivo, adquirido por meio de experiências, poderia gerar certezas, de forma tal que, se as experiências que buscavam mostrar a evidência de um certo fenômeno sempre apresentassem resultados negativos, era possível concluir a falsidade da hipótese. Por exemplo, se todas as análises empíricas que procuravam demonstrar que o fogo não era quente falharam, podia-se concluir que ele era quente.

Interessa destacar que apesar das diferenças entre teólogos e não teólogos, os dois grupos consideravam que poderia haver diferentes hipóteses e explicações satisfatórias para um mesmo fenômeno; assim também uma explicação que parecesse mais plausível que outra poderia, por esse simples fato, ser adotada como a melhor. Esse posicionamento perante o conhecimento, denominado "salvar as aparências", foi forte e freqüente no mundo medieval.

A importância de Ockham não se resumiu às discussões relativas à possibilidade do conhecimento dos homens. Ele construiu trabalhos significativos sobre os fenômenos naturais. A respeito do estudo dos movimentos, foi por exemplo o primeiro pensador medieval a separar o problema cinemático do dinâmico, ou seja, a distinguir o estudo da definição e medida do movimento daquele referente à medida da causa do movimento (força) e de seus efeitos.

As propostas de Ockham eram bastante originais. Ele lançou um olhar para o estudo da natureza que o fez tomar posição contra os que atribuíam ao conceito de movimento uma realidade própria e distinta daquela do sujeito que se movimentava. Argumentava a seu favor que essa consideração, comum em seu tempo, rompia com o princípio de economia de pensamento, uma vez que, para estudar o movimento, era importante apenas considerar a existência de um corpo e de um lugar. O movimento seria simplesmente uma mudança sucessiva, parte após parte, sem um repouso intermediário. Não existiria assim uma separação entre o lugar e o movimento do corpo; ou seja, dizer que um corpo se movia implicava afirmar que, se existisse um outro, ele ocuparia diversas posições sucessivas em relação a este segundo corpo.

Ockham atacou também a idéia de Aristóteles segundo a qual todo movimento estava associado a um motor, descartando a proposta de que o ar era o responsável pelo movimento dos projéteis. Para ele, essa consideração levava a absurdos como ter de admitir que, em casos como o do encontro de dois projéteis, o mesmo ar apresentaria movimentos simultâneos em sentidos contrários.

A tese da força impressa também foi rejeitada. Segundo Ockham, não era possível identificar o motor responsável por tal força sem gerar contradições. Para analisar esse questionamento, pode-se considerar o caso em que uma pessoa coloca a mão (o motor) numa pedra exatamente como se fosse largá-la, mas sem fazê-lo. Como nada ocorreu, conclui-se que a mão (o motor) não forneceu ao corpo uma força. Mas se isso fosse verdadeiro, como então atribuir ao motor – à mão – a produção da força impressa nos casos em que o corpo se movimenta sem considerações que violem o princípio da economia de pensamento?

Para substituir as duas teses criticadas Guilherme de Ockham admitiu simplesmente que, após o término do contato do lançador com o projétil, este se movia por si só, e não por algum poder impresso nele ou a ele relativo.

Teoria do *impetus*

Apesar da coerência, a explicação mais aceita para o movimento dos projéteis não foi a de Ockham, mas a construída pelo parisiense João Buridan (c.1300, 1358). Partindo do pressuposto de que o ar possuía uma única função no movimento dos corpos, a de resistência, esse filósofo analisou o problema assumindo uma tese similar à da força impressa; ou melhor, admitiu que o lançador imprimia ao corpo durante o lançamento algo que constituiria a força motora (*virtus motiva*) de seu movimento. Essa força, denominada por ele *impetus*, era sempre impressa na direção e no sentido do movimento do corpo, não desvanecendo com o tempo. A diminuição ocorreria apenas em função da resistência do meio, ou caso forças contrárias ao movimento atuassem no corpo. Já a quantidade de *impetus* adquirida por um corpo dependeria de sua quantidade de matéria e de sua velocidade. Assim, se, num mesmo meio, dois corpos de volumes iguais, um de madeira e outro de ferro, tivessem a mesma velocidade, o de ferro teria adquirido maior *impetus*, explicando-se então o fato de ele percorrer uma distância maior que o de madeira antes de parar.

Segundo Buridan, o *impetus* tinha uma predisposição natural a mover o corpo no qual ele era impresso. Baseando-se nisso, afirmava que, na criação, Deus dera aos corpos celestes uma certa quantidade de *impetus* que eles conservavam pelo simples fato de se movimentarem num local onde a resistência se apresentava igual a zero. Nessa mesma linha de argumento, afirmava que, no vácuo, um corpo percorreria um espaço infinito, pois se movimentaria com um *impetus* invariável.

A respeito do movimento natural dos corpos em queda, Buridan defendeu que a aceleração observada devia-se ao acréscimo contínuo de *impetus* provocado por seus pesos durante a queda.

Os pensadores do século XIV debateram intensamente as questões sobre o movimento lançadas por Aristóteles e discutidas por outros filósofos. Problemas como as acelerações distintas dos corpos, ao se movimentarem em direção aos seus lugares naturais, trouxeram uma nova interpretação para a tese de que todos os corpos eram compostos dos quatro elementos primordiais. De acordo com a nova proposta, dentro de um mesmo corpo, a leveza e o peso coexistiam em oposição, de modo que sempre uma dessas características prevalecia. Aquela que estivesse em excesso representaria o motor do corpo; a que estivesse em desvantagem, sua resistência. Essa oposição explicava tanto o fato de alguns corpos em movimento natural se afastarem do centro da Terra – e outros dele se aproximarem – quanto a diferença de acelerações apresentadas por corpos com movimentos naturais semelhantes.

Os que adotavam a tese da resistência e do motor internos defendiam que, no vácuo, a velocidade adquirida pelo corpo seria finita e própria de cada corpo, afinal apenas o meio não mostrava qualquer resistência. A velocidade infinita no vácuo só seria admitida no caso dos corpos puros, ou seja, daqueles compostos unicamente por um dos elementos.

Cabe destacar que essa idéia de resistência interna foi adotada pelos defensores do movimento no vácuo, fazendo surgir daí novas questões para a ciência. Alguns propuseram, por exemplo, que dois corpos homogêneos, por possuírem motor e resistências internos iguais, cairiam ao mesmo tempo no espaço vazio, independentemente de suas massas.

Regra de Merton

Muito conhecimento foi produzido a partir das críticas a Aristóteles. Em Oxford, por exemplo, nos primeiros anos do século XIV, os escolásticos do Colégio de Merton dedicaram-se a um assunto negligenciado pelo filósofo grego, a cinemática do movimento. Ao estudarem esse tópico, construíram uma definição para velocidade uniforme nos mesmos moldes daquela posteriormente adotada por Galileu Galilei no século XVII. Eles discutiram ainda o que seria um movimento uniformemente variado, introduzindo o conceito de velocidade instantânea.

Analisando genericamente a variação uniforme de uma qualidade qualquer, construíram o que denominamos regra de Merton. (Os mestres do Colégio de Merton enunciaram a regra da seguinte forma: "Qualquer qualidade uniformemente irregular tem a mesma quantidade total que teria se ela afetasse uniformemente o sujeito conforme o grau de seu ponto central.") O filósofo Nicolau Oresme (c.1323-84) aplicou a regra em casos nos quais a qualidade seria representada pela velocidade. Assim, estabeleceu que um corpo em movimento uniformemente variado – ou seja, que adquiria ou perdia "incrementos" constantes de velocidade – atravessava num dado tempo uma distância cujo valor seria exatamente igual à distância que ele percorreria caso estivesse se movendo com velocidade constante e igual à média aritmética de v_I e v_F.

Regra de Merton

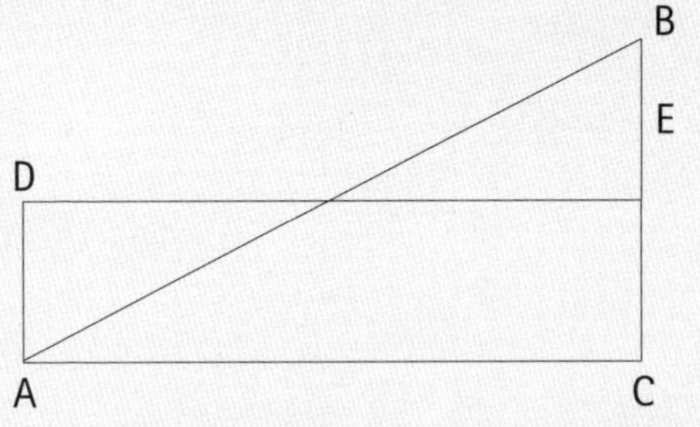

Essa figura representa geometricamente o que chamamos de regra de Merton. Os segmentos BC e DA representam velocidades, e o segmento AC, o tempo gasto pelo corpo para percorrer a distância correspondente. É possível afirmar que um corpo cuja velocidade varia constantemente (segmento AB) percorre uma distância determinada pela área do triângulo formado entre os segmentos AB, AC e BC. Essa distância seria, então, igual à de um outro corpo que, no mesmo tempo, segmento AC, apresentasse uma velocidade constante de valor igual à média aritmética entre as velocidades inicial e final do movimento variado.

A filosofia da natureza medieval foi rica em discussões acerca do pensamento de Aristóteles, mas não se limitou a repeti-lo. Houve, como se pôde ver, importantes contribuições para a compreensão da natureza, deixando definitivamente enterrada a idéia de que a Idade Média foi a idade das trevas.

KUMON

Aluno(a): Mariana Melo

Aluno(a):

Aluno(a):

Mês 03/04

Mensalidade R$ 110,00

Juros R$

Total R$

Vencimento dia **05** de cada mês, após o dia será cobrado **juros.**

João Pessoa, 08 / 03 / 2004

4

ASTRONOMIA

A astronomia medieval desenvolveu-se com diferentes teorias que, de um modo geral, se pautavam numa visão de mundo muito particular. Assim como Aristóteles, os medievais acreditavam que o cosmos era dividido em dois mundos distintos e incomunicáveis: o supralunar e o sublunar. O primeiro era eterno e divino, a morada de Deus, e o segundo era corruptível, o local em que todos os acontecimentos apresentavam um início, um meio e um fim. Essa divisão era muito clara, estando presente em diferentes manifestações culturais daquele contexto.

As iluminuras medievais, por exemplo, não buscavam retratar a cena transcrita tal qual ela era vista. Os artistas usavam imagens simbólicas, representando o modo como percebiam aquilo que era pintado. Assim, nesses trabalhos, o céu não era azul, cinza ou preto. Era dourado, o que indicava a perfeição, a riqueza e a divindade atribuídas ao mundo supralunar.

As primeiras figurações de céu azul, ou melhor, não dourado, datam do século XIV, com o artista italiano Giotto di Bondone (1267-1337), que buscou em suas obras mostrar o mundo mais próximo da observação, sem portanto recorrer a simbolismos sobre o céu. Na escola de Giotto, seus discípulos adotaram de um modo geral um certo realismo em suas obras, indicando uma mudança de visão de mundo.

Essa nova postura frente ao cosmos produziu na pintura uma modificação significativa na representação espacial, fazendo com que o espaço fosse ganhando profundidade, até que, na Renascença, a perspectiva estivesse completamente dominada e presente em todas as figurações pictóricas.

O sistema ptolomaico

Em termos de astronomia e cosmologia, os filósofos medievais absorveram o pensamento do astrônomo alexandrino Cláudio Ptolomeu (c.90-c.168). Baseando-se nos dados conhecidos em seu tempo, Ptolomeu construiu um sistema que permitia prever as posições ocupadas ao longo do tempo pela Lua, pelo Sol e pelos cinco planetas então conhecidos: Mercúrio, Vênus, Marte, Júpiter e Saturno, os únicos que podem ser observados sem ajuda de instrumentos ópticos.

O sistema ptolomaico foi apresentado no livro *Hè magiste syntaxis* (A maior compilação), traduzido do grego para o árabe como *Al Majisti*, que acabou dando em *Almagesto*. A obra foi a referência em astronomia até o século XVII, só tendo sofrido a primeira oposição significativa no século XVI com o sistema heliostático de Nicolau Copérnico (1473-1543).

De um modo geral pode-se dizer que os conceitos físicos do sistema ptolomaico tinham origem na física de Aristóteles, enquanto os aspectos matemáticos podiam ser atribuídos a Platão, sobretudo a idéia de que os movimentos celestes deveriam ser circulares, por ser o círculo uma figura geométrica considerada perfeita.

Movimento retrógrado

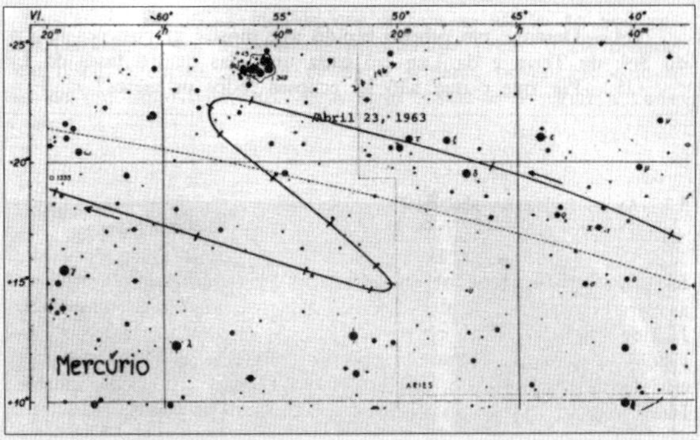

Quando acompanhamos da Terra a trajetória dos planetas, observamos que em alguns momentos eles mudam o sentido do movimento, passando a se mover para trás para depois retornar ao sentido inicial. A esse retorno damos o nome de movimento retrógrado. O esquema ilustra a órbita de Mercúrio observada da Terra.

Ptolomeu adotou a separação entre mundo supralunar e sublunar e outras considerações de Aristóteles, como a de que a Terra ocupava imóvel o centro do Universo e que os planetas movimentavam-se em órbitas esféricas com velocidades constantes. Porém introduziu novidades na astronomia, ao buscar adequar seu sistema a fatos conhecidos, como o movimento retrógrado dos planetas, o aumento de seu brilho durante o movimento e a não uniformidade da trajetória anular do Sol – ou seja, o fato de o Sol levar mais tempo para percorrer o espaço correspondente à primavera e ao verão do que aquele referente ao outono e ao inverno.

No sistema de Ptolomeu, a Terra ocupava o centro do Universo, mas os corpos celestes realizavam movimentos circulares não necessariamente ao seu redor. O Sol, por exemplo, deslocava-se numa órbita circular com velocidade constante em torno de um ponto fixo fora do centro do Universo, por isso chamado excêntrico. Com esse sistema Ptolomeu conseguiu explicar as observações referentes à trajetória do Sol e dos planetas ao redor da Terra.

Para explicar o movimento retrógrado dos planetas e as variações em seus brilhos, Ptolomeu usou como recurso os conceitos de epiciclo e deferente. Segundo ele, os planetas girariam em órbitas circulares e também com velocidade constante, só que não diretamente em torno da Terra, mas sobre uma circunferência de pequeno raio chamado epiciclo. O centro dessa circunferência giraria então ao redor da Terra sobre uma outra circunferência, denominada deferente. Compondo esses dois movimentos Ptolomeu conseguiu reproduzir o movimento retrógrado. Muitas vezes, para que a trajetória prevista se adequasse à observada, utilizava-se mais de um epiciclo para descrever a órbita de um mesmo planeta.

Como os planetas também aproximavam-se e afastavam-se durante o movimento retrógrado, ocupando diferentes posições em relação à Terra, podia-se com esse modelo explicar a variação de brilho desses corpos ao longo de seus movimentos.

Ao utilizar os recursos dos epiciclos e deferentes, Ptolomeu criou um problema relativo às esferas cristalinas, porque agora os planetas não podiam mais estar presos a elas, como propu-

Esquema excêntrico, epicentro e deferente

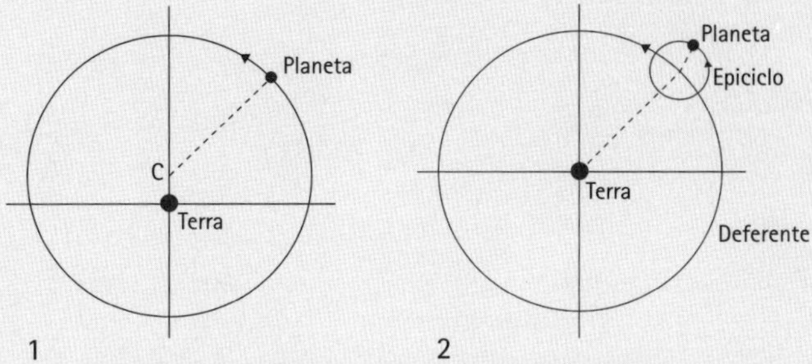

Como a Terra está deslocada do centro geométrico da órbita, o Sol ou os planetas, observados a partir da Terra, levam tempos diferentes para percorrer os arcos de circunferência, apresentando velocidades variáveis, de acordo com os dados conhecidos (1).
Os planetas, segundo Ptolomeu, não giravam em torno da Terra, mas orbitavam num círculo denominado epiciclo. Este último girava em torno de um ponto imaginário, e este, em torno da Terra; o segundo círculo era chamado deferente. Muitas vezes eram usados mais de um epiciclo para um mesmo planeta, a fim de que fosse possível reproduzir sua órbita de acordo com os dados conhecidos (2).

sera Aristóteles. No entanto, essa incompatibilidade não parece ter sido um problema para os astrônomos helenísticos, uma vez que eles não acreditavam ou davam pouca importância à realidade física dessas esferas. Os sucessos de previsão alcançados pelo sistema ptolomaico acabaram por deixar a questão em segundo plano.

Epiciclo, deferente e o efeito produzido

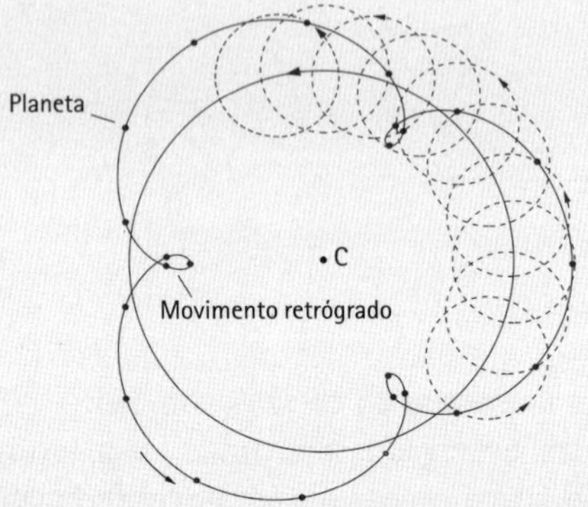

Quando compomos os movimentos do epiciclo e do deferente, temos o efeito representado acima, com o planeta realizando movimentos retrógrados de tempos em tempos.

Ptolomeu não conseguiu reproduzir completamente o movimento dos cinco planetas, mesmo usando os recursos já apontados. Isso porque o movimento retrógrado dos planetas não era regular, não tinha a mesma dimensão angular nem a mesma duração. Desse modo, ele lançou mão de um novo recurso: o equanto, uma modificação do excêntrico. O equanto é um ponto também deslocado do centro geométrico da circunferência que representa a trajetória do planeta, assim como a Terra, só que do lado oposto a esta. O movimento do planeta descreveria arcos iguais em tempos iguais , não em torno do centro da trajetória, mas do equanto.

Equanto

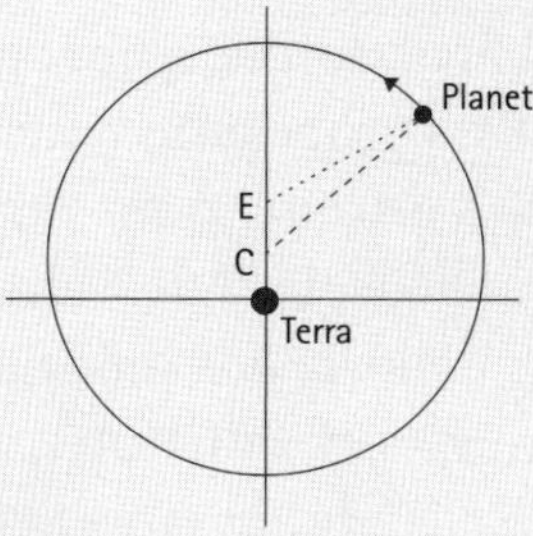

O ponto E da figura representa o equanto, um ponto deslocado do centro geométrico C da órbita circular do planeta, usado por Ptolomeu para tentar adequar a não-periodicidade dos movimentos retrógrados dos planetas.

Com todos esses recursos Ptolomeu construiu um sistema planetário que permitia determinar a posição dos corpos celestes com boa precisão, pois seus erros eram da ordem de dois graus.

Apesar do problema das esferas cristalinas o sistema de Ptolomeu era muito adequado ao mundo medieval, visto que na época a Terra ocupava imóvel o centro do Universo, como defendiam as Sagradas Escrituras. A esse sistema os medievais acrescentaram os dados astronômicos e os adquiridos pela utilização de instrumentos de observação celeste recebidos da cultura árabe.

A grande aceitação do modelo de Ptolomeu não impediu que filósofos como Buridan e Oresme defendessem a possibilidade de um movimento de rotação diário da Terra. Eles argumentavam que, da mesma forma que os corpos situados em navios com movimentos constantes não eram afetados pelo deslocamento da embarcação, os corpos na Terra não sentiriam sua suposta rotação. Essa proposição bastante convincente não levou nenhum dos dois a aceitar o movimento da Terra como um fato real e ficou naquele nível de "salvar as aparências".

Apesar da grande maioria dos modelos adotados pelos filósofos medievais no estudo da natureza não ser mais aceito hoje, a astronomia daquela época representou um conjunto de trabalhos fundamentais para o desenvolvimento e o estabelecimento da *ciência moderna*. Os pensadores medievais não ficaram exclusivamente presos à autoridade de Aristóteles. Eles construíram um conhecimento próprio que respondia à visão de mundo daquele contexto, e, portanto, se adequava às premissas da Igreja. Dessa forma, eles elaboraram conhecimentos significativos sobre a natureza, que marcaram a história e abriram novas possibilidades de investigação.

Ciência moderna

Chamamos de ciência moderna uma forma de estudar a natureza que surgiu ao longo dos séculos XVI e XVII e que considerava ser a linguagem matemática e a experimentação os caminhos verdadeiros para se compreender a natureza. Sobre o seu surgimento tratará o segundo volume desta coleção.

5

ALQUIMIA E MEDICINA

✧ ✧ ✧

Dentre os novos saberes trazidos pelos árabes para a Península Ibérica estava a alquimia. Ainda hoje não é clara a origem de seu nome ou mesmo das suas práticas. Na realidade, aquilo que se convencionou chamar de alquimia é um conjunto de técnicas e conhecimentos armazenados por diversos povos ao longo de séculos, numa vasta região que começa na China, passa pela Índia, Pérsia, Mesopotâmia, Síria e vai até o Egito.

A palavra *chemeia* designou durante séculos essas práticas. Com sua absorção pela cultura árabe, a *chemeia* da Antigüidade passou a ser conhecida como a *kimiya*, o que em árabe soava como "alquimia" (*al* é o artigo definido "a", em árabe).

Nas culturas desses diversos povos podem-se encontrar duas correntes que formaram uma coletânea de saberes práticos. A primeira tem origem na metalurgia, um conjunto de técnicas milenares de transformação de metais na confecção de ligas utilizadas para as mais diferentes finalidades. A segunda vem da manipulação de substâncias extraídas de diversas ervas, fazendo surgir técnicas de produção de elixires, utilizados em diversas áreas, desde a cosmética até a medicina.

Durante o período helenístico, em Alexandria, as práticas metalúrgicas e farmacêuticas uniram-se, formando um corpo coeso de conhecimentos, embasado por uma visão mística de natureza. Visão esta influenciada pela astrologia babilônica, pela magia persa, pelos fundamentos religiosos da Índia e da China e pela filosofia da natureza grega. Houve nesse processo, então, uma junção de saberes teórico-práticos e místico-filosóficos, procedentes de diversas civilizações da Antigüidade, que fez emergir um conjunto organizado de conhecimentos de tão grande importância que muitos historiadores da ciência consideram que na realidade a alquimia só veio a se constituir realmente em Alexandria.

Ao expandirem seus domínios nos séculos VII e VIII, os árabes absorveram esse conjunto de conhecimentos, acrescentando a eles novos saberes. Formou-se assim no interior do vasto império árabe uma tradição de práticas de fabrico e manipulação de materiais, orientada por uma visão de natureza de base filosófica, mas com fundamentos mágicos. Essa tradição entrou na Europa pela Península Ibérica e expandiu-se pelo continente sobretudo levada pelas mãos de frades franciscanos.

Para entender os fundamentos da alquimia européia medieval é necessário antes conhecer algumas das idéias que deram sustentação a essas práticas.

Fontes alexandrinas

As tradições metalúrgica e farmacêutica, absorvidas pelas civilizações que ampliaram seus domínios territoriais em épocas diferentes da Antigüidade, foram apreendidas como parte de um conjunto maior de saberes, regido por diversas concepções religiosas que chegaram ao mundo helenístico nos primeiros

Mapa do mundo helenístico dos primeiros séculos da era cristã

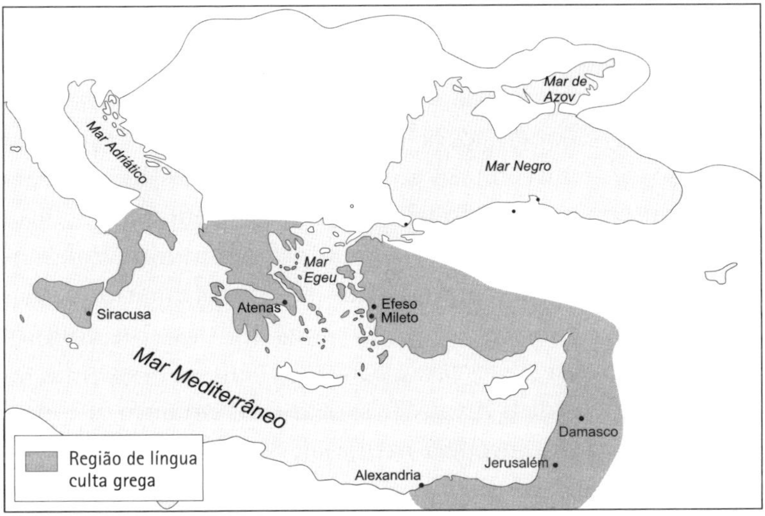

O mundo helenístico era constituído por uma vasta região em torno do Mediterrâneo, na qual a língua culta era o grego. Alexandria, cidade ao norte do Egito, tornou-se um dos maiores centros culturais e comerciais desse período, que foi do século II a.C. aos primeiros séculos da era cristã.

séculos da era cristã, num caldeirão em que diferentes orientações se misturavam.

O conjunto de textos alexandrinos – que chegou a nós por diversos meios e ficou conhecido como *Corpus alexandrino* – é formado por escritos que denotam aquelas influências. Em alguns deles percebe-se um tipo de linguagem metafórica própria dos textos religiosos da Antigüidade. Os mais importantes foram os encontrados no século XIX, num túmulo próximo à cidade de Tebas, no Egito e hoje denominados papiros de Leiden e de Estocolmo. Esses nomes foram dados porque eles permanecem guardados nas cidades de Leiden, na Holanda, e de Estocolmo, na Suécia.

Os papiros constituíam em sua maioria uma coletânea de receitas com o objetivo de registrar as práticas alquímicas. Apresentavam ainda orientações técnicas aos alquimistas, mostrando como eles poderiam dar aos metais não preciosos a aparência de ouro ou prata, produzindo para isso tinturas específicas. Essas práticas não foram inventadas pelos alquimistas alexandrinos, pois existem registros delas em épocas anteriores. Mas sabe-se que a fabricação das tinturas era bastante comum naquele ambiente. Esses processos eram bem diferentes das famosas tentativas de transmutação de metais em ouro que marcaram a alquimia européia medieval. Na realidade, os alquimistas alexandrinos procuravam apenas embelezar os metais não nobres, numa atividade que se tornou fraudulenta com o tempo, pois era utilizada para enganar possíveis compradores de ouro, causando sensíveis prejuízos ao comércio de metais preciosos.

Textos como esses, considerados ilegais em Alexandria, circulavam de forma restrita entre os interessados nessa arte. Dessa forma, práticas laboratoriais tornaram-se com o tempo secretas, sendo praticadas somente por um grupo fechado. Por outro lado, as relações entre o conhecimento alquímico e a visão mística da natureza a ele associada fizeram com que a alquimia se transformasse numa prática voltada para a compreensão dos mistérios do cosmos, assumindo assim uma feição de saber secreto praticado apenas por uns poucos iniciados.

Além dos manuscritos de Leiden e Estocolmo, existe um outro de grande importância no conjunto de textos alexandrinos. Chama-se *Physica et mystica,* escrito por um alquimista conhecido pelo nome de "Bolos de Mende" ou "Pseudo-Demócrito". Esse livro, além de também descrever técnicas de fabrico de tinturas para dar uma aparência de ouro a metais não preciosos, apresentava uma base místico-filosófica extraída da astrologia babilônica e de algumas correntes da filosofia da natureza grega. Em suas idéias havia uma íntima relação entre o macrocosmo celeste e o microcosmo terrestre. Os sete metais conhecidos no mundo antigo eram pensados em íntima relação com os sete astros do céu de Ptolomeu, considerados responsáveis pela geração dos metais no solo terrestre.

As concepções astrológicas que regiam essa mística, e a forte influência dos estudos meteorológicos de Aristóteles, deram origem à crença de que cada astro emanava sua luz sobre a Terra, sendo esta geradora do metal a ele correspondente. No contexto da relação entre o mundo celeste e o terrestre, a Terra era

Os sete astros e seus metais

Sol = ouro
Lua = prata
Mercúrio = mercúrio
Vênus = cobre
Marte = ferro
Júpiter = estanho
Saturno = chumbo

vista como um organismo vivo sujeito a fecundação. O processo de surgimento de um metal era semelhante, portanto, àquele da gestação de um ser vivo, fazendo a Terra o papel da mãe que recebe o sêmen do mundo celeste.

A correspondência entre os sete astros e os sete metais conhecidos na Antigüidade fazia parte de uma relação mística mais ampla, na qual o número sete exercia um papel fundamental. Havia uma correspondência maior da qual faziam parte também as sete notas musicais, as sete cores, os sete órgãos do corpo humano então conhecidos e as sete vogais do alfabeto grego. A crença nessas relações tinha sua raiz numa mística proveniente da *escola pitagórica*, defensora da existência de uma harmonia numérica para explicar a natureza. Essa escola, mais do que um grupo de matemáticos, tornou-se uma seita e teve grande influência sobre a alquimia alexandrina. Sua visão místico-matemática, associada a correntes neoplatônicas, foi transposta posteriormente para o mundo árabe e cristão na Idade Média, vindo a ter grande influência sobre os fundadores da ciência moderna na Europa.

Os escritos do *Corpus alexandrino* foram muito ricos nas descrições de métodos e instrumentos laboratoriais ainda hoje utilizados. Dentre eles estão: o chamado banho-maria, atribuído a uma alquimista denominada Maria, a Judia; ou processos de destilação e obtenção de essências perfumadas; ou a fabricação de cosméticos própria de uma tradição egípcia. Alguns historiadores da ciência julgam que, embora a alquimia alexandrina tenha desenvolvido práticas laboratoriais de maneira considerável, ela não forneceu contribuições significativas para a construção de novas cosmovisões que dessem su-

Escola pitagórica

Floresceu por volta do século VI a.C., no sul da Itália, na chamada Magna Grécia. Sua fundação talvez se deva a Pitágoras, filósofo do qual se sabe muito pouco, por não ter deixado escritos de sua evidente autoria. Alguns afirmam que ele não era uma única pessoa. Os textos a ele atribuídos possivelmente foram produzidos por diversos filósofos e matemáticos da escola pitagórica, que se desenvolveu ao longo de vários séculos e foi um misto de religião e filosofia de matriz platônica. Sua principal proposta era que "todas as coisas são números". Acredita-se que os pitagóricos tenham chegado a esta máxima porque seus exercícios espirituais ocorriam sempre ao som da lira, instrumento o qual emite sons que podem ser expressos matematicamente por meio de proporções.

porte ao trabalho alquímico. Essa opinião decorre do fato de se encontrarem nos textos alexandrinos muito mais descrições de processos laboratoriais – que hoje poderíamos chamar de sublimação, destilação, filtração, dissolução, calcinação ou refinação – do que referências a concepções místico-filosóficas sobre a natureza.

Por outro lado, a alquimia alexandrina enfatizava as práticas metalúrgicas, em detrimento das farmacêuticas, que seriam mais intensamente desenvolvidas pelos árabes. Apesar disso, não se pode negar a importância da alquimia alexandrina para tudo o que foi feito posteriormente. A existência do *Corpus alexandrino* foi fundamental para a percepção das fontes da alquimia árabe, uma vez que, a partir desses textos, pode-se

Alambique

As técnicas de destilação já eram conhecidas em Alexandria, na Antigüidade, e são descritas no *Corpus alexandrino*. No entanto, foram os árabes que, ao usar amplamente essa técnica, difundiram-na pela Europa a partir do século XI. No século XII já existiam diversos textos alquímicos na cristandade em que se descreviam alambiques, termo árabe para designar o artefato de destilação. Sua utilidade ia desde a fabricação de perfumes até a produção de álcool.

diferenciar a herança alexandrina e egípcia da tradição hindu e chinesa, presente de forma marcante na alquimia árabe.

Fontes árabes

A alquimia árabe foi herdeira direta da alexandrina. Divergências entre cristãos que habitavam Alexandria fizeram com que ocorresse um expurgo de algumas correntes que foram se abrigar em cidades da Pérsia. Essa emigração levava consigo diversos textos filosóficos, religiosos e alquímicos assimilados posteriormente com o domínio árabe dessas regiões.

Mas a alquimia árabe não teve em Alexandria sua única fonte. Existem indícios da influência de outros povos, sobretudo orientais. Conceitos como os de elixir e pedra filosofal não pertenciam ao *Corpus alexandrino*, embora façam parte da alquimia árabe.

O islã formou desde cedo uma importante tradição de estudos no campo de uma filosofia natural. A fé islâmica pregava a importância do conhecimento da natureza como forma de compreensão dos desígnios de Alá. As concepções produzidas por essas correntes filosóficas se articulavam com as práticas de laboratório vindas de diferentes regiões, permitindo que técnica, filosofia e religião islâmica se mesclassem num mesmo corpo teórico-prático. Se os alexandrinos foram considerados os fundadores da alquimia, por terem unido um saber prático a um conhecimento filosófico, os árabes desenvolveram essa união de forma bastante radical e peculiar.

A alquimia árabe fundava-se em diversos princípios. Um deles propunha a existência de dualidades no cosmos que formariam as substâncias. Essa visão muito provavelmente tinha suas origens na mística chinesa, em que dualidades opostas produziam o uno, como no caso do *yin* e do *yang*.

Essas dualidades podiam ser combinadas por meio de simpatias e antipatias, o que explica por que algumas substâncias possuíam facilidade em se combinar, e outras não. Tais concepções encontraram-se com os textos filosóficos gregos, produzindo uma teoria da matéria em que o mercúrio (associado ao *yin*) e o enxofre (associado ao *yang*) eram vistos como os

Yin e yang

A filosofia chinesa via no par yin e yang a dualidade complementar. Apesar de opostos (yin é o escuro, o yang é o claro, por exemplo), cada um deles continha em si o princípio gerador de seu oposto.

princípios formadores de todos os metais. Apesar do nome, eles eram diferentes do mercúrio comum e do enxofre comum, pois constituíam uma espécie de mercúrio e enxofre totalmente puros, inexistentes de forma isolada na natureza. Esses elementos podiam ser combinados em diferentes proporções, formando outras substâncias. Dessa forma, era possível decompor todos os metais nos princípios fundamentais e recompô-los com outras proporções, criando-se a possibilidade de transmutar metais considerados não nobres em ouro.

Para que a transmutação pudesse ocorrer, no entanto, caberia a ação de um agente externo, um catalisador, que permitisse a decomposição e a posterior recomposição. A procura desses elixires, como os árabes chamavam, nos levou à descoberta de diversas substâncias inteiramente novas que foram catalogadas em livros de anotações.

O ouro era considerado o metal mais nobre, pela sua capacidade de resistir ao tempo. Os outros metais, que não possuíam as mesmas características, eram considerados imperfeições. Eles seriam o resultado de um desequilíbrio da perfeita proporção de enxofre e mercúrio, encontrada no ouro. A desproporção passou a ser considerada uma doença dos metais, e pensava-se que a ação dos elixires levava ao restabelecimento do equilíbrio ou à saúde do metal, ou seja, proporcionava sua cura.

Essa teoria da matéria utilizada na metalurgia foi então absorvida pela outra vertente da alquimia, a produção de medicamentos. A doença, concebida como um desequilíbrio dos humores do corpo, só poderia ser combatida pela ingestão de substâncias próprias que buscavam restabelecer a saúde. A idéia de um elixir da longa vida nasceu dessa concepção. Assim como o ouro apresentava resistência ao tempo, o corpo humano poderia conseguir o mesmo efeito se fossem encontrados os elixires próprios para recombinar os humores, propiciando a eternidade. A palavra remédio (*adawiya*) era utilizada pelos alquimistas árabes tanto na manipulação de metais quanto na cura das doenças do corpo humano.

Dentre os alquimistas de maior importância no mundo árabe encontra-se Jabir Ibn Hayyân (c.776), conhecido no mundo latino como Geber. Pouca coisa se sabe sobre ele. Alguns historiadores acreditam que poderia se tratar de um conjunto de alquimistas que assinava os textos com o nome de Jabir, coisa comum nas escolas da Antigüidade. Os escritos atribuídos a ele ou a essa escola são conhecidos hoje como *corpus* jabiriano.

Teoria dos quatro humores

Criada pelo médico grego Hipócrates (460 a.C.-351 a.C.) propunha que, no corpo humano, havia quatro substâncias (humores): *bílis*, *sangue*, *fleuma* e *atrabílis* ou *bílis negra*. A bílis alojava-se na chamada vesícula do fel; o sangue era produzido no fígado; a fleuma encontrava-se no pulmão; e a bílis negra, no baço. Os quatro humores, em suas proporções exatas, estavam associados à saúde. As doenças passavam a ser vistas, então, como fruto do desequilíbrio desses humores. O termo mau humor ainda hoje utilizado provém dessa tradição.

Os textos do *corpus* jabiriano foram redigidos possivelmente na Pérsia, da segunda metade do século IX à primeira metade do século X. Neles encontram-se diversas referências a um pensamento alquímico bastante elaborado, que dava especial atenção às práticas laboratoriais e à necessidade de se realizarem medidas precisas das substâncias utilizadas. Num deles, o *Livro das proporções*, podem-se encontrar diversas referências a essa concepção matemática da manipulação das substâncias que tinha influência clara das antigas escolas pitagóricas.

Jabir propôs ainda uma classificação das substâncias. Elas seriam divididas em três grandes grupos: os espíritos, os corpos metálicos e as substâncias minerais. No primeiro grupo estavam aquelas que se volatilizavam quando colocadas em contato com o fogo, como exemplo o enxofre, o arsênico, o mercúrio, o amoníaco e a cânfora. As do segundo grupo eram as sólidas, que possuíam a capacidade de fundir em presença do fogo. Os sete metais estavam incluídos nesse grupo: chumbo, estanho, ouro, prata, cobre, ferro e karsini, este último desconhecido para nós. Acredita-se que Jabir possivelmente estivesse se referindo a uma liga formada por outros metais, como o bronze. O mercúrio faria parte dos dois grupos nessa classificação, por conter as duas características. O terceiro grupo era formado por substâncias que podiam ser fundidas ou não, mas que possuíam a capacidade de se esfarelar ao serem marteladas. Nesse caso estavam substâncias consideradas intermediárias entre os metais e os espíritos.

Outro nome de grande importância na alquimia árabe é o de Abu Bakr Muhammad ibn Zakariyya (854-925), conhecido como Al-Razi ou Razes no mundo latino. Razes teria nascido na Pérsia, assim como Jabir, e se interessado pelo estudo da medicina. Sua obra deu uma importante contribuição àquilo que viria a ser conhecido na cristandade como iatroquímica, ou alquimia voltada para aplicações médicas. Na busca do desenvolvimento de processos de transmutação, Razes desenvolveu uma coletânea de elixires utilizados em seu trabalho no hospital de Bagdá.

Em sua principal obra, *O segredo dos segredos*, Razes fazia uma descrição de diversos instrumentos construídos para o trabalho em laboratório, de várias técnicas de produção de elixires e técnicas médicas, inclusive os processos necessários para uma cirurgia de catarata. Mas ele fundamentalmente explicitava uma postura frente à tradição filosófica e alquímica, questionando a aceitação quase dogmática dos textos médicos da Antigüidade. Defendeu, em lugar disso, um conhecimento construído a partir da prática, da experiência. Essa desconfiança frente aos estudos realizados no passado que caracterizou a obra de Razes influenciou diversos alquimistas da Europa cristã nos anos posteriores.

Apesar da alquimia constituir um saber de grande importância na cultura árabe, sua prática não era imune às críticas. Essas contestações vinham de inúmeras frentes. Desde correntes religiosas fundamentalistas que ganharam grande importância e poder na parte leste do território árabe – mas que também tiveram alguma influência na Península Ibérica –, até correntes filosóficas que propunham visões diversas de natureza. O confronto entre a tradição alquímica, proveniente de várias origens e baseada em diferentes credos, com os fundamentos islâmicos gerou atritos, mas também possibilitou algumas adequações. Hermes Trimegisto, considerado no islã um profeta, foi um exemplo claro desse sincretismo.

Hermes Trimegisto

Personagem lendário – alguns admitem não ter existido – considerado no mundo antigo como autor de diversos textos alquímicos. Seu nome significa Hermes três vezes grande. Ele foi associado ao antigo deus egípcio Toth, que, no mundo helenístico, passou a ser identificado com o deus grego Hermes. O termo hermetismo tem sua origem na mística criada em torno de Hermes, segundo a qual a salvação era resultado da decifração de um saber oculto. No monoteísmo islâmico, Hermes passou a ser considerado apenas um sábio, perdendo a dimensão divina.

Além dos conflitos religiosos também havia questionamentos de ordem filosófica. Alguns filósofos, embora não negassem completamente a alquimia, se opuseram a vários de seus fundamentos. Este foi o caso de Avicena, que rejeitou a idéia de transmutação, além de tecer sérias críticas a algumas práticas alquímicas.

O conhecimento da alquimia foi uma das grandes contribuições deixada pelos árabes ao mundo cristão europeu. Diversas idéias contidas nos livros dos alquimistas, escritos em árabe por estudiosos de diversas partes do mundo antigo, influenciaram enormemente alguns pensadores que desempenharam papel fundamental na crítica aos saberes dominantes no medievo europeu.

Alquimia cristã medieval

A alquimia foi introduzida na cristandade a partir do século XII, com as traduções feitas em Toledo e no sul da Itália e que se espalharam pelo continente levadas por frades das ordens mendicantes, sobretudo os franciscanos. Esse fato trouxe o inconveniente de ela ser praticada e difundida por pensadores que estavam sob a perseguição pela hierarquia da Igreja. O caráter místico, muitas vezes considerado fruto de crendices populares, fez com que a alquimia criasse diversos inimigos e entrasse em rota de colisão com os estudos filosóficos.

A renovação do interesse pelo estudo da natureza talvez seja uma das principais novidades produzidas pelas traduções dos textos alquímicos na Europa cristã. Este tema, esquecido durante alguns séculos, exigiu que a cristandade reinterpretasse os princípios de inúmeras visões de natureza da Antigüidade, à luz do cristianismo europeu medieval. Os fundamentos básicos da alquimia alexandrina e da árabe foram mantidos, e os alquimistas cristãos poucas inovações realizaram. Entretanto, incorporaram-se alguns elementos inéditos, como a idéia de uma alquimia espiritual, que buscava transmutar o homem pecador num ser perfeito sob a ação do catalisador Cristo.

Um dos principais responsáveis pela difusão da alquimia na cristandade foi o frade franciscano Roger Bacon (1214-1292). Estudioso de Aristóteles e de seus comentadores árabes, Bacon aproximou-se da alquimia redigindo alguns textos sobre o tema. Graças a isso foi punido com uma censura em 1257 que o proibia de voltar a escrever. Entretanto, em 1266, com a ascensão do papa Clemente IV, seu amigo há muitos anos, recebeu uma solicitação para escrever um livro explicando os fundamentos da alquimia. Essa tarefa foi concretizada em três escritos: *Opus majus*, *Opus minus* e *Opus tertium*. Esses livros foram enviados ao papa secretamente e em separado, pelas críticas que tal conhecimento poderia gerar na cúpula da Igreja e suas conseqüências no âmbito das disputas de poder ali existentes. Com a morte de Clemente IV, Roger Bacon voltou a ser perseguido por suas idéias, tanto dentro da ordem como pela hierarquia da Igreja.

Em sua síntese, Bacon procurava expor a importância do saber prático como complementar às especulações teóricas. O questionamento das autoridades e a necessidade de se implementar o conhecimento baseado num saber empírico poderiam indicar uma influência clara do pensamento de Razes. Alguns historiadores vêem nessa atitude uma antecipação de idéias modernas, como as defendidas por seu compatriota Francis Bacon (1561-1626) ou por Galileu Galilei (1564-1642) alguns séculos depois. Pode-se considerar a obra de Roger Bacon um primeiro passo rumo a essa vertente, mas sem qualquer pretensão moderna. Bacon era um homem do medievo, preso às concepções de sua época. Tanto ele como Robert Grosseteste (1175-1253) – outro franciscano de Oxford que defendeu a importância do papel da matemática na construção do conhecimento sobre a natureza – não possuíam a consistência daquilo que veio a ser formulado mais tarde pelos fundadores da ciência moderna. Mas, por outro lado, não se pode negar que ambos já viviam num mundo em que o trabalho empírico dos engenheiros medievais e sua confrontação com os escritos árabes indicavam novos caminhos a serem trilhados.

Muitos textos da alquimia medieval foram redigidos por pessoas desconhecidas ou atribuídos a alquimistas árabes. Este é o caso daqueles assinados como Geber por um autor ou um conjunto de autores. Como se sabe que tais textos não são de Jabir, aquele autor é hoje denominado Geber-latino. Existem ainda escritos atribuídos a Raimundo Lulio (c.1233-1315), um franciscano alquimista, espanhol da Catalunha, que realmente escreveu alguns livros de alquimia. Há diversos outros, contudo, que se acredita não terem sido produzidos por ele.

Lulio trabalhou com a produção de álcool. Nos textos medievais a ele atribuídos, a quinta-essência aristotélica não estava exclusivamente vinculada ao mundo supralunar. Ela existiria também no mundo sublunar, podendo ser extraída de determinadas substâncias. O álcool, por exemplo, considerado altamente espirituoso na denominação do *corpus* jabiriano, poderia fornecê-la por destilações sucessivas. A quinta-essência, como substância primordial do qual os quatro elementos tinham sido gerados, era também associada ao elixir da longa vida.

Outro importante alquimista medieval foi o franciscano espanhol Arnaldo de Villanova (1250-1311). Esse frade produziu trabalhos ligados à medicina e à produção de remédios. O álcool teve em sua obra um papel central e seu poder de cura em infecções mostrou-se de grande importância. Por estar vivendo numa época de pestes que arrasavam vilas e aldeias inteiras, Villanova questionou a medicina de Hipócrates e Galeno, pela ineficiência em curar os contaminados. Assim como Razes, ele desprezou as autoridades do passado em prol de um conhecimento baseado na prática e na preparação de substâncias curativas.

Galeno (c.129-200)

Médico nascido em Pérgamo e que estudou medicina em Alexandria. No início de sua carreira percorreu diversas cidades do Império Romano exercendo a medicina. Mais tarde retornou à sua cidade natal, sendo nomeado médico dos gladiadores. No desempenho dessa tarefa desenvolveu dietas e processos de cura para os ferimentos em lutas. Estabeleceu-se posteriormente em Roma, onde chegou a ser médico do imperador. Seus escritos tornaram-se referência e foram adotados em diversas escolas de medicina até o fim da Idade Média.

Em 1317, o papa João XXII redigiu uma bula condenando as práticas alquímicas. A decisão não foi, como se poderia pensar, resultado de uma simples intransigência clerical. Diversos intelectuais da época, consultados antes de sua redação, concordaram com a condenação das práticas. Esse fato colocou a alquimia à margem do processo de construção do conhecimento no século XIV.

Apesar do saber alquímico estar envolto por diversas concepções mágicas de natureza herdadas das diversas simbioses com as religiões da Antigüidade, não se pode negar que idéias como a do elixir da longa vida ou da pedra filosofal fizeram surgir conhecimentos sobre substâncias que se tornaram fundamentais para a constituição da ciência moderna no século XVII. Mais tarde, já no século XVIII, a luta pela superação desse caráter mágico iria se transformar num dos fundamentos da química moderna.

CONCLUSÃO

✧ ✧ ✧

Neste primeiro livro de uma série sobre a história da ciência moderna procurou-se apresentar um conjunto de conhecimentos que afluíram para a Europa ao longo da Idade Média. Essa convergência de saberes despertou os europeus para antigas questões que haviam sido esquecidas, como aquelas relativas à filosofia da natureza grega, e para novas, que chegaram de terras distantes pelas mãos dos árabes. A partir de um novo projeto político, social e econômico que os homens e mulheres da Europa medieval começaram a propor, esses conhecimentos transformaram-se na base de sustentação de uma nova cultura.

Embora a historiografia tradicional considere o século XVII o divisor de águas entre a velha filosofia escolástica e a ciência moderna, existem historiadores, como o francês Pierre Duhem (1861-1916), que datam essa divisão um pouco antes, no século XIII, no momento em que o bispo de Paris Étienne Tempier publicou as condenações às teses aristotélicas. A censura fez surgir um movimento de crítica ao pensamento de Aristóteles que permitiu a abertura de um conjunto de novas interpretações dos fenômenos naturais, dentre as quais aquelas que desembocaram no estabelecimento da ciência moderna.

Duhem defendeu no início do século XX a não ruptura entre a Idade Média e a Modernidade, procurando mostrar que os modernos tinham herdado um vasto caminho já pavimentado pelos medievais. Nessa proposta, a famosa tese do conflito luzes versus trevas se desfaz, na percepção de que muitas das idéias defendidas pelos modernos já existiam nos debates do medievo. Outros historiadores chegam ainda a defender que os modernos, no alvorecer de suas obras, propunham teorias com mais componentes místicos ou metafísicos que os medievais, sendo seus seguidores os responsáveis por corrigir esses desvios, na busca da construção de uma nova racionalidade.

Mesmo considerando que grande parte das propostas defendidas por Pierre Duhem seja hoje contestada pela maioria dos historiadores da ciência, não há como negar que seu trabalho abriu caminho para uma nova percepção sobre a Idade Média.

O fundamental é perceber que nosso olhar para o passado é dirigido pelo fato de já conhecermos o desfecho de inúmeras discussões. Esquecer isso nos faz por vezes cair na tentação de julgar esse passado à luz das teorias vitoriosas, considerando obscurantistas seus adversários. Encarar a história das ciências dessa forma nos faz perceber o passado como se só existisse um único caminho possível a ser seguido, podendo esta via ser retardada ou fomentada, por pessoas ou instituições, numa concepção ingênua de progresso.

No panorama aqui traçado sobre a Idade Média procurase mostrar que esse longo período da história produziu uma grande diversidade de visões de natureza que se confrontaram em múltiplas discussões e embates. Em tal processo surgiram questionamentos às antigas concepções e teorias, bem como críticas às formas de produção de conhecimentos do passado. A ciência moderna será construída sobre tais alicerces. Mas isso será assunto do próximo volume, *Das máquinas do mundo ao Universo máquina.*

PARA SABER MAIS

Da alquimia à química, de Ana Maria Alfonso-Goldfarb (São Paulo: Landy, 2001).
O livro trata desde a evolução do pensamento mágico-vitalista próprio da alquimia até o pensamento mecanicista atribuído a Robert Boyle. Traz uma importante descrição da evolução da alquimia desde suas origens até o século XVII.

História da química, de Bernadette Bensaude-Vincent e Isabelle Stengers (Lisboa: Instituto Piaget, 1996).
Duas importantes historiadoras e filósofas da ciência francesas traçam a história da química. No relato elas procuram defender um novo olhar sobre essa ciência.

Introdução à história da filosofia 1, de Marilena Chauí (São Paulo: Companhia das Letras, 2002).
Livro introdutório para quem deseja conhecer a filosofia grega e as suas conseqüências para a elaboração de um pensamento científico.

Iniciação à história da filosofia, de Danilo Marcondes (Rio de Janeiro: Jorge Zahar, 2000).

Livro bastante didático que permite ir além da filosofia grega, abarcando também os principais pensadores helenísticos e medievais.

✧ ***A República***, de Platão (Lisboa: Fundação Calouste Gulbenkian, 1983).
Particularmente interessante é o livro VII, em que Platão apresenta o mito da caverna. Uma alegoria sobre o conhecimento no qual o mundo das idéias é apresentado como o local de conhecimento verdadeiro. Independentemente de seu conteúdo, a obra é uma leitura deliciosa, como toda a obra de Platão. Sobre o livro é importante ressaltar que existem várias outras edições que também podem ser consultadas.

A CIÊNCIA NO UNIVERSO DA CULTURA

✧ Cinema

O nome da rosa, 1986

The Name of the Rose, Alemanha/França/Itália, dirigido por Jean Jacques Annaud, 130 minutos, Flashstar Home Vídeo

Baseado no livro homônimo de Umberto Eco, o filme conta a história das mortes misteriosas de monges beneditinos num mosteiro medieval. A investigação sobre o assassino e a razão dos assassinatos é realizada por um frade franciscano William de Baskerville; ela dá motivo para o confronto entre as cosmovisões medieval e moderna. O personagem William encarna diversos frades franciscanos da Idade Média. Em alguns momentos ele é William de Ockham (o mesmo nome não é mera coincidência); em outros, Roger Bacon. Observe com cuidado a cena em que o franciscano vai para fora do mosteiro investigar a queda do monge e sua posterior morte. O frade testa sua hipótese jogando uma pedra morro abaixo, numa clara referência ao que seria no futuro a experimentação.

Em nome de Deus, 1988

Stealing Heaven, USA, dirigido por Clive Donner, 105 minutos, Paris Filmes

Baseado numa história verídica, o filme conta a vida atribulada do filósofo Pedro Abelardo, um dos primeiros a propor a separação entre razão e fé, no século XII. O filme serve para contextualizar algumas das contradições vividas pelos intelectuais daquele período histórico e o nascimento das escolas ligadas às catedrais.

O destino, 1997
Le Destin, França/Egito, dirigido por Youssef Chahine, 135 minutos, Flash Pyramide Int/ Estação/ Flashstar Home Vídeo

O filme baseia-se na vida do filósofo islâmico Averróis, que viveu em Córdoba no século XII. Averróis sofre diversas perseguições de grupos fundamentalistas islâmicos por pregar uma linha de pensamento filosófico independente de alguns dogmas islâmicos. Com receio da destruição total da obra do filósofo, seus alunos fazem diversas cópias de seus livros e enviam-nos para diversas bibliotecas do mundo. Algumas delas chegam à cristandade. Na Europa cristã, sua obra continuará sendo perseguida.

✧ Literatura

O manuscrito de Mediavilla, de Isaias Pessotti 1995 (São Paulo: 34, 1995)
Com um estilo semelhante ao do filme *O nome da rosa*, a história se passa na década de 60 do século XX. Um grupo de pesquisadores do Departamento de História Medieval de um Instituto de Pesquisas de Milão, na Itália, visita uma velha Igreja e descobre um antigo manuscrito atribuído a um alquimista e frade franciscano. A história se desenvolve em dois planos. O primeiro trata da investigação sobre os mistérios que rondam o manuscrito, e o segundo, sobre o relacionamento entre os pesquisadores.

O nome da rosa, de Umberto Eco (Rio de Janeiro: Nova Fronteira, 1983)
Livro que deu origem ao filme, narra de maneira muito mais detalhada os mistérios que rondam uma biblioteca num mosteiro medieval e um texto perdido de Aristóteles. Como profundo conhecedor do século XIV, Umberto Eco constrói um enredo que tem as

discussões teológicas da época como pano de fundo. Além de uma bela trama é também um livro com importantes informações históricas sobre a Idade Média.

✧ Iconografia

Cristo entrando em Jerusalém (1308 a 1311)
Duccio de Siena (1255-1319), painel em têmpera; Catedral de Siena, Itália

A entrada de Cristo em Jerusalém foi um dos temas fundamentais dos pintores medievais. Nessa pintura pode-se observar o céu dourado, uma vez que era a morada de Deus.

Entrada de Jesus em Jerusalém (1329)
Pietro Lorenzetti (1280-1348), afresco; Basílica Inferior de São Francisco de Assis, Assis, Itália

Com a mesma temática da pintura anterior, esse afresco já apresenta o céu azul, característica de Giotto e de sua escola, à qual pertenceu Pietro Lorenzetti. Podem-se encontrar vestígios da mudança de mentalidade que começava a se processar na Europa. O céu passa a ser paulatinamente dessacralizado.

A adoração dos Magos (1303-1304)
Giotto di Bondone (1267-1337), afresco; Catedral de Pádua, Pádua, Itália

Com o céu pintado em azul, Giotto mostra a estrela de Belém como se fosse um cometa. Acredita-se que ele tenha procurado representar o Halley, cuja aparição se deu em 1301. Um céu figurado dessa forma já podia tornar-se passível de ser estudado.

Guidoriccio da Fogliano (1328)
Simoni Martini (c.1284-1344), afresco, Palácio Público de Siena, Siena, Itália

Uma das primeiras pinturas com tema laico da arte medieval. Retrata a vitória dos sienenses sobre os pisanos, em 1311. Já vemos o céu azul, mas não há a utilização total da perspectiva como forma de representação espacial.

BIBLIOGRAFIA

ARISTÓTELES. Física, Madrid: Editorial Gredos, 1995

BERLIOZ, Jacques (org.). *Monges e religiosos na Idade Média.* Lisboa: Terramar, 1994

CAMPOS, Arminda. *Identidade e diferença no nascimento da universidade.* Rio de Janeiro: E-papers, 2001

CROMBIE, A.C. *Historia de la ciencia. De San Agustin a Galileo.* 2 vol. Madri: Alianza Editorial, 1987.

DAUMAS, Maurice. *Histoire générale des techniques.* 4 vol. Paris: Quadrige/PUF, 1996

DUCASSÉ, Pierre. *História das técnicas.* Mem Martins: Europa-América/Mem Martins, 1983

ÉVORA, Fátima. *A revolução copernicana-galileana. Astronomia e cosmologia pré-galileana.* Campinas: Unicamp (Coleção CLE), 1988

FALBEL, Nachman. *Os espirituais franciscanos.* São Paulo: Edusp/Perspectiva, 1995

FARRINGTON, Benjamin. *Ciência griega.* Barcelona: Içaria, 1979

FERRIS, Timothy. *O despertar na Via Láctea. Uma história da astronomia.* Rio de Janeiro: Campus, 1990

FRANKLIN, Allan. "Principle of Inertia in the Middle Ages". *American Journal of Physics,* vol.44, n.6, junho, 1976

GHISALBERTI, Alessandro. *Guilherme de Ockham*. Porto Alegre: EDIPUCRS, 1997

GILSON, Etienne. *A filosofia na Idade Média*. São Paulo: Martins Fontes, 1995

GIMPEL, Jean. *A Revolução Industrial da Idade Média*. Rio de Janeiro: Zahar, 1977

GRANT, Edward. *Physical Science in the Middle Ages*. Nova York: John Wiley & Sons, 1971

HOOYKAAS, S, R. *A religião e o desenvolvimento da ciência moderna*. Brasília: UnB, 1988

JAEGER, Werner. *Paidéia. A formação do homem grego*. São Paulo: Martins Fontes, 1995

JAPIASSÚ, Hilton e Danilo Marcondes. *Dicionário básico de filosofia*. Rio de Janeiro: Jorge Zahar. 3ª ed., 1999

LASZLO, Pierre. *O que é a alquimia*. Lisboa: Terramar, 1997

LE GOFF, Jacques. *São Francisco de Assis*. Rio de Janeiro: Record, 2001

LOYN, H. R. (org.). *Dicionário da Idade Média*. Rio de Janeiro: Jorge Zahar, 1997

LOSEE, John. *Introdução histórica à filosofia da ciência*. Lisboa: Terramar, 1998

PLATÃO. A República. Lisboa: Fundação Calouste Gulbekian, 1983

____. Teeteto. Lisboa: Editorial Inquérito

____. Timeu. Belém: Universidade Federal do Pará, 1986

PRÉ-SOCRÁTICOS. In Os pensadores. São Paulo: Editora Abril, 1973

RESENDE, Antonio (org.). *Curso de filosofia*. Rio de Janeiro: Jorge Zahar, 1986

Rosmorduc, Jean. *Uma história da física e da química. De Tales a Einstein*. Rio de Janeiro: Jorge Zahar, 1985

Serres, Michel (org.). *Elementos para uma história das ciências*. Lisboa: Terramar, 1996

Strathern, Paul. *O sonho de Mendeleiev*. Rio de Janeiro: Jorge Zahar, 2002

Taton, René. *La science antique et médiévale. Des origines a 1450*. Paris: Quadridge/PUF, 1994

Taub, Liba Chaia. *Ptolemy's Universe. The Natural Philosophical and Ethical Foundations of Ptolemy's Astronomy*. Illinois: Open Court Publishing Company, 1993

Uritan, R. A. "Medieval Science, the Copernican Revolution and Physics Teaching". *American Journal of Physics*, vol.42, n.10, outubro, 1974

Verdet, Jean-Pierre. *Uma história da astronomia*. Rio de Janeiro: Jorge Zahar, 1991

BREVE HISTÓRIA DA CIÊNCIA MODERNA

EM 5 VOLUMES

✧ ✧ ✧

VOLUME 1

Convergência de Saberes

(Idade Média)

VOLUME 2*

Das Máquinas do Mundo ao Universo-Máquina

(séculos XV a XVII)

VOLUME 3*

Das Luzes ao Sonho do Doutor Frankenstein

(século XVIII)

VOLUME 4*

A Belle-Époque da Ciência

(século XIX)

VOLUME 5*

Quanta, Genes e Bytes: o Universo em Pedaços

(século XX)

* *em preparação*

Este livro foi composto em
Minion, Litograph e Rotis
e impresso pela Geográfica Editora,
em agosto de 2003.